中公新書 700

岡崎久彦著

戦略的思考とは何か 改版

中央公論新社刊

目次

戦略的思考とは何か　改版

はじめに

日本の国家戦略を論じるにあたって、私は今度こそは何とかしてポレミックス（ああだこうだという言い合い）だけで終ってしまいたくない気持です。

戦後あれだけの防衛論争がありながら、賛成論と反対論のあいだの勢力の消長はあっても、その立場はちっとも収斂してこない――この理由を私は年来不思議に思って、あるいは日本のデモクラシーに何か欠陥があるのではないかとさえ思ったこともありますが、社会学や文化人類学の先生方の教えを乞うているうちに、日本人が論理的なものの考え方に弱いからではないかということがわかってきました。

日本人というのは、過去の経緯でき上がっているものを工夫して改善していく点ではおそらく世界一といえるくらいの能力を発揮するのですが、肌で感じないとなかなか理解しない国民なので、何もないところに論理的な整合性のある構築物をつくり上げるということになると、はたと当惑してしまうところがあるそうです。まして、それを、コンセンサスの上に築き上げていくこととなるとまずは不可能事ということになります。

日本の防衛体制も、それを支える理念も、敗戦でそれまでのことが全部御破算になってゼロから出発しました。また旧軍との関係はまったく断ち切るということで、意図的にゼロから出発した面もあります。しかも戦争という、いつ起るのか、成り行きいかんでは何十年も起らないですむかもしれないものについて考えるのですから、相当な抽象的論理的思考が必要になります。

ということで、「何を守るのか」「何から守るのか」というところまで遡って議論しなければならなくなります。それ自体は悪いことではないのでしょうが、それがギリシャ哲学のように対話によって理論的なコンセンサスができていくのと反対に、それぞれの政治的立場が先に決まっていて、それを正当化するための「論理」の構造が自分で増殖して、船の底のカキがらのように重なっていくだけだという傾向がありました。

つい最近でも日本人にとって論理性とは何か、ということを再び考えさせられた例が二つありました。

日本人の防衛感覚もずいぶん変ってきて、もう六〇年安保のような対立は過去のものとなったようですが、一つは、「米国が期待するほどの防衛努力を日本ができないのならば、その前提となる極東の軍事情勢判断で米国と一致すべきでない」という議論で、これにはいささか驚きました。「それはつまりソ連の潜在的脅威の程度を、日本がいまのところ整備可能な防衛力に見合う程度だと判断することですか?」と反問してみたところが、二、三のやりとりのあとで、まさにそう考えておられるのだとわかって二度びっくりしました。そうしないと「論理の整合性がなくなる」というのです。これは「論理の整合性」というべきものではないでしょう。これでは、現在の国際情勢の下ではこのあたりが妥当なところだろうという、客観性のある日本の防衛戦略はけっしてできてこないでしょう。

国際情勢のきびしさは認めつつも、種々の国内制約のために軍備の不充分を歎く、これは古今東西変りない現象です。日本だけ、いまやっていることにつじつまを合わせて、これでいいんだ、とすましていても、それはただ作文したというだけのことです。現に日米の首脳会談等では、情勢のきびしさは認めながら、日本は米国の期待するほどのことはできないと説明していますが、その理由は、国民のコンセンサスの必要であり、財政事情であって、こういう正直な態度の方が、長い眼で見て国家間の信頼関係によいのではないかと思います。

もう一つは、「自分の見通しでは日本の防衛予算はいずれはGNPの一・五か二%ぐらいにはなり、その結果日本の防衛体制もよいかたちになり、米国との協力もうまくいくと思う。しかし自分はGNP一%を主張し続ける。こうやってバランスをとらないと、防衛予算は歯止めを失って無際限に大きくなるからだ」という議論です。

天秤の妥当な点はここだ、と本人が判断していながら、それよりも左の方にぶら下がって、国全体のバランスをとろうという考えです。妥当な点にいる人からは「お前の立場は非論理的だ」と指摘される、インテリとしては堪え難いはずの精神的屈辱にあえて堪えながら国全体のバランスをとる役目を果す――そう考えればノーブルな態度といえるかもしれませんが、そういうことを言っていたのでは、いつまでたっても論理の整合性を軸とする国民の合意ができないではありませんか。やはり、皆が本当に正しいと信ずることだけを発言することによって、おのずから客観的妥当性のある国民的合意もでき、その中にこそ真のデモクラシーによる歯止めもできるのでしょう。「本当はこうなのだが、それを言うと世論がつっ走ってしまう」あるいは「世論がソ連をおそれてフィンランド化する」、だから「この程度を言っておこう」という「バランス感覚」は民衆の判断力に対する不信であって、デモクラシーの原則に反します。故椎名悦三郎氏が口癖に言っておられた「それ民は賢にして愚、愚にして賢」であって、大衆の良識というものは無視できないものがあります。「自分はインテリだから大丈夫だが、他の人はすぐ右傾する」というエリート意識で独善的に情報操作をすると、かえって大局を誤るおそれがあります。

右の二例を見るだけでも、日本という風土において、客観的な事実と論理の整合性を基本とした議論の上に立ったコンセンサスをつくり上げていくことがいかに困難か絶望的な感じがします。

私はここで一つの試みとして、国家戦略論のいちばん基礎的な事実関係である日本の歴史と地理から始めたいと思います。そして、最終的には現在の日本をとりまく戦略的環境ができるかぎり客観的に解明されることによって、日本にとって何が必要かがおのずからわかってくることを期待します。これは私の持論である情報重視（『国家と情報』文藝春秋刊）からいっても正攻法です。「問題点が全部わかれば問題は半ば解決したも同然だ」というのは真理です。まず客観情勢を緻密に分析評価していけば、その対策はおのずから出てくるものです。

日本国家戦略という大きな問題を考えるに際しては、日本の歴史と地理という最も基本的なものを知り尽してから論じるのは、むしろあたりまえの方法論といえましょう。

その意味で、本書では日本の国内問題には深く立ち入る余裕はないでしょう。戦後日本の平和主義、憲法、非核三原則、安保条約等をめぐる過去三十年間の国会等における論議の蓄積は厖大(ぼうだい)なものがあり、私自身もその議論をことごとく誦(そら)んじるように訓練されてきました。しかし、本論の目的は、日本の国内事情を中心とする天動説的立場から日本の防衛政策を論じることではありません。日本の政治は最終的にはその時点における国内事情が許す範囲内で防衛政策を決定するのですが、その決定に際してまず参考とすべき客観的諸条件の判断において、国内事情からくるこだわりや希望的観測は一切排して、できるかぎり曇りのない眼で見ることを期するのが本論の目的です。

いずれにしても戦略論というものは日本ではまだまだ未開拓の分野で、糸口を見つけるのさえも難しいような状況ですから、あえて蛮勇をふるって、政府の立場を離れて個人の意見を述べさせていただくわけですが、私が独りで考えた意見の中に、どこか未熟なものがあるおそれのあることは、自分でも充分認識しています。そういう点については皆様の御叱正をいただくことはむしろ大歓迎で、そこからもっと本格的な戦略論が生まれてくることを期待します。

第一章　伝統的均衡

例外的安定をうみだしたものは

近代前の日本をめぐる戦略的環境は、世界史上稀に見る安定性を示しています。
もちろん周辺のアジア情勢は幾多の変転を重ねています。中国の歴史は宋が滅びるまでが
いわゆる十八史、その後、元明清をへて近代に至るまで王朝の交代をくり返し、朝鮮半島も、
唐朝以降は中国王朝交代の影響をモロに受けて、古代の三国から、新羅、高麗、李朝と交代
しています。その間、日本は、有史前にあったらしい天孫民族の日本征服以降は外敵による
日本の征服はただの一度もなく、日本の王朝は一度も交代していません。この事実が戦前の
史観では、万邦無比ということで、日本の超国家主義の根拠の一つとなったことはまだ記憶

に新しいところです。

近代前とは、日本にとっては二つの大きな戦略的環境の変化の起る前を意味します。一つは中国が極東における支配的な力を失ったことで、もう一つはいわゆる西力東漸の結果、それまでは戦略的に真空地帯であった太平洋とシベリアが、欧米の軍事的な力で埋められるようになったことです。そして、この近代前の環境における例外的な日本の平和を支えたものは、もちろん日本の地理的特性ですが、それに加えて中華帝国というものの独自な性格と、その間に介在する朝鮮半島住民の特殊な民族性が果した役割があります。

二つの民族の歴史経験の差

日本が海で囲まれているとか、台風が多いとかいう地理的特性はいうまでもないことですが、日本の地理的特性の意味を考えるには、近似した民族であり、歴史上ある時期にたまたま朝鮮海峡の南北に分かれ住んだだけだといえる、日韓両民族の歴史的経験の差を考えることが有益と思います。そのためには、日本に対する唯一の本格的侵攻の歴史である元寇のときを考えるのがてっとり早いでしょう。

蒙古の高麗侵入はまったく理不尽なもので、両国のあいだにあった契丹を滅ぼすときは同盟関係だったのですが、蒙古は契丹を滅ぼすと高麗に服従と朝貢を命じ、そのときの使者の態度などは高麗王を王とも思わずひどい侮辱的なものでした。高麗はそれでも我慢して、毎年莫大な貢物を献じて平和を保ちますが、それは蒙古が西域と金を攻めているあいだだけのことで、それがすむと、蒙古は六年前の事件を楯にとって侵入を開始し、大殺戮を行ないます。北条時宗が蒙古の使を斬ったのも国際儀礼を無視した乱暴のように見えますが、その四十年前の高麗における蒙古のやり方が正確に伝わっていたとしたならば、服従して動物のように扱われ、劫掠を受けるか、戦争をするしかなかったのですから、使者を斬ってポイント・オブ・ノー・リターンに自らを追い込んで抵抗の国論を統一するためにも無理のない選択だったかもしれません。

高麗朝の政府は江華島に立て籠り、舟戦を知らない蒙古勢は三十年も攻めあぐねますが、江華島以外の朝鮮半島は蒙古兵の暴行掠奪の対象となり、この三十年間の高麗の人民の惨苦は言語に絶するものがありました。一二五二年の来寇のときの記録を見るだけでも、「蒙古の虜にする所、男女無慮二十万六千八百余人、射殺せられし者あえて計うべからず。経る所の州郡皆煨燼となる」とあります。

ある韓国の人は、このときの例をひいて、「日本人は何のかのといってもお国の世話になった記憶があるが韓国人にはそれがない。このときも人民は見捨てられていた。したがって国民の国家観もおのずから異ってくる。それぞれの国民は歴史も、伝統も、したがって国民性も異る。異るということと善悪は別の問題なのだが、日本人はこれを混同する悪い癖がある」と言っていました。この朝鮮半島の人々が嘗めた惨苦に較べて、日本が一度も異民族の支配を受けたことがなかったという事実は、国際政治のきびしさに対する日本人の考え方の甘さや楽天主義の元になっています。

防衛論争の過程で私はいろいろな方から書簡をいただきましたが、それを見てもソ連の脅威にいちばん深い危惧を抱くのは、敗戦時満州でソ連軍の占領を経験した人々です。しかし日本人の圧倒的多数はアメリカの占領しか経験していないので、どうしても降伏とか占領に対するイメージが甘くなります。「経験から学ぶのは愚か者のすることで、余は歴史から学ぶ」と言ったのはビスマルクですが、歴史どころか、同時代の同国民の経験から学ぶことさえ難しいのが現実です。

元寇のときも壱岐・対馬の人々は捉えられ、女性が掌に穴をあけられて船ばたに吊されたという記録も残り、「むごい」という言葉は「蒙古(もんご)い」からきたといいますが、それも満州の経験と同じように、全国民的経験とはなりませんでした。もっとも朝鮮戦争で米韓軍が釜山の橋頭堡(きょうとうほ)に追いつめられても、東京の人は何も感じなかったのに、北九州や山口県では危機感が高かったそうで、これは元寇の記憶だという人もいます。戦争の記憶というものは何世紀も残るものですから本当にそうかもしれません。また、侵攻軍が台風で全滅するということは確率からいってそう大きいものではないはずですが、歴史上たった二度の本格的侵攻で二度ともそうなったということになると、日本人がツキに自信をもつのも無理のないことです。

ツキに自信のある個人とそうでない人もあるように、国民性でもちがいはあります。

韓国の高度成長は七〇年代初めから始まって、七三年には十月までの実績でGNPが前年度比実質二〇%の増、インフレは三%以下という驚異的な数字でしたが、そこへ十月の中東戦争と石油ショックがきました。そのとき韓国の経済官僚が天を仰いで、「韓国はよくよく天に見放された民族だ。高度成長が始まったとたんにもうこれだ」と言ったのを印象深くおぼえています。

いつかは神風が吹くと思っている民族とは大きなちがいです。いまでも日本人が国際環境のきびしさを言葉ではわかっていても、実感としては感じられず、「どうにかなるんじゃない?」と思っている根底にはこの楽観主義があります。

ニューヨークのジャパン・ソサイティーの七十五周年記念のシンポジウムで、米国の学者が防衛問題を論じて、「米国はそれほど脆弱（ヴァルネラブル）ではないのに不安感（インセキューリティー）があり、日本は脆弱（ヴァルネラブル）なのに不安感（インセキューリティー）がない。これはどうしたことだ」と言っていましたが、まさに核心をついた発言と思いました。はじめに紹介した日本人のインテリの議論も、ソ連の脅威の客観的な評価を日本のできることに合わせようという意味では無理な話なのですが、「日本人は米国と同じようにはソ連の脅威を感じていない」という感覚的な発言――こういう感覚的な発言で開き直れるものかどうかの問題は別にして――としては正確だともいえます。

日本民族というのは世界でもよくよく経験不足の国民です。個人も国家も同じことで、経験によって賢くなるのですが、中国人どころか韓国人まで、「日本人は若い」と見下ろしている事実は自戒すべきでしょう。といって経験がないものは仕方がないので、歴史から学ぶほかはありません。ツキというものはいつまで続くか保障はないし、日本が自分の歴史で経験したことだけが将来起きるとはかぎりませんから、古今東西の歴史を参考にする要があります。

幕末に筒井肥前守などが対露政策を論ずるように命ぜられて書いた文書には、ロシアが樺太まで入ってきたような事態について、「かかる例は御国にはこれ無く候。余の儀なく唐土の例を以って勘弁仕り候ところ」として、漢も唐も、力が弱いときは夷狄に宥和政策をとり、強くなってからこれを征服したという例を挙げ、ここは、日本の力がつくまでは和親しかないと論じています（注『近代日本外国関係史』田保橋潔）。この程度の歴史論でも、「わが皇国は開闢以来外国の侮りを受けていない」云々などという日本中心の天動説の攘夷論にまさること万々です。

我々は戦略論を考えようとしているのですが、戦略論とはすなわち戦史の研究、解釈であると断言しても、かなり正統派の考え方として通用します。「アレキサンダーからフレデリックに至る偉大な指導者の作戦を何度もくり返して読め」と言ったのはナポレオンでした。孫子やクラウゼウィッツは歴史的体験を抽象化してまとめ上げていますが、クラウゼウィッツとなると、もう、ドイツ観念論で整理しすぎて、種々の点について、後世の戦略家達から、「そうも割り切れないのではないか？」という疑念が表明されています。

パックス・シニカ

さて、近代まで日本の周辺にこれだけの安定をもたらしたのは、単に地理的環境だけでなく、中華帝国を中心とする東アジアの国際秩序であったといえます。

パックス・シニカという言葉（シナの優越で平和が保たれている状態）はあまり使われませんが、これが有効にはたらいて日本や朝鮮半島の平和が維持された期間は、パックス・ローマやパックス・ブリタニカが有効だった期間よりはるかに長く、かつ安定したものだったといえます。

パックス・シニカの第一の条件は中国の圧倒的な優越です。国土人口の大きさ、歴史の長さからくる文化水準、政治力、経済力、軍事力は周辺諸国の比肩を許しません。中国の優越は議論を許さないところでありまして、これを知らなかっただけで、漢に併合された夜郎国のように、後世まで「夜郎自大」と言われて無知と思い上がりの手本として歴史に名を留めることになります。

第二は、中国特有の宗主藩属関係で、これは一言でいうほど簡単なことではありませんので深入りはしませんが、一般的にいって中国は周辺の諸民族に対しておおむね宗主権を要求するに留り、中国の脅威とならないかぎりはあえて征服しようとしないという傾向があるといえます。日本の場合はごく短期間を除いては宗主権が及んだといえる時期はありませんが、中国が外征を好まない傾向をもつ恩恵は受けています。

「小国の区々たる貢を争い、虚名を求めて遠征を事とするもの」というのは、日本が明治の初め琉球王に対清朝貢を禁止し、琉球王は泣いて清朝の援けを求め、駐日清国公使何如璋も「琉球を取らせれば日本は次は朝鮮を取りにくる。いまは日本は西南戦争のあとで疲弊しているから、清国が干渉すれば成功する」と進言したのに対する李鴻章の言葉です（注『日支外交六十年史』王芸生。以下李鴻章関係は同じ）。このときでも日清の話し合いがつかず清国が実力を使えば日清間に兵戈が動いたわけですが、この清国の自制で琉球問題は日本が既成事実をつくったままで収まります。これがパックス・シニカの構造の一つの例といえましょう。

もっとも、こんなことをいって、まわりの領土をどんどん取られてしまった清国はパックス・シニカの最後の段階ではこれに気づきます。一八八五年アフガニスタンをめぐる英露の衝突の後に英国はウラジオストックのロシア艦隊を封じ込めようとして、朝鮮半島南部の巨文島の租借を申し込みます。朝鮮政府から相談を受けた李鴻章は、「その島は荒島(あれじま)と聞く。貴国は惜しむに足らないと思うかもしれないが、香港も昔は漁師の小屋がいくつかあるだけだったが、いまや屹然として重鎮となり南海の咽喉を扼(やく)している」と述べ、うっかり貸したりするとロシアも日本も同じようなことを言ってくるぞと忠告して断わらせます。その判断はきわめて正しいのですが、それならもっと早く中国自身が気づくべきだったのでしょう。

ともあれ大国が圧倒的な力をもち、かつ、自制することを知っている――それならば安定した平和が維持されることは自明の理です。

国際平和はバランス・オブ・パワーで維持されるというのは近代の国際政治思想の一つの固定観念ですが、私は、これが現在の国際情勢にあてはまるかどうか従前から疑問をもっています。たしかにバランス・オブ・パワーで平和が維持された時期というのはあるのですが、それは十九世紀のヨーロッパ、ルネッサンスのイタリア、春秋戦国の中国のように同じような力の国がいくつかあって、その間の合従連衡が可能なときだけで、それでも、そのつど数十年の平和が維持されただけです。本当に長い平和は、パックス・ロマーナのように圧倒的な力の差があるときだけ存在するようで、戦後のパックス・アメリカーナも同じことだったと思っています。

ところで、この大国の自制は、漢民族の歴史においてつねにそうであったわけではありません。もともと漢民族は黄河中流に最初に本拠を構えて、そこから東西南北の異民族を征服吸収して自らの版図に加えて膨張してきた民族です。

古代シナの膨張が一つの絶頂期を迎えるのは漢帝国の時代で、漢の武帝は漠北を伐ち、嶺南を平定して、ほぼ現在の漢民族の住んでいる地域を征服しました。朝鮮半島についても、北半分を征服して、朝貢国としないで郡県を置いて直接支配します。

歴史の前例というのはおそろしいもので、唐の太宗の朝鮮介入も、漢の郡県復活のためといいますし、明治十五年の壬午の変後、張佩綸は東征（日本攻略）を主張しますが、同時に李鴻章宛の手紙で、漢の例にならって、朝鮮の国を廃して郡県とすることを説きます。

つまり漢の時代の中国は歴史上どこにでもある征服王朝の一つで、朝鮮半島南部や日本が征服されなかったのは、地理的にあまりにも遠かったというだけの理由でしょう。

韓民族の抵抗

外征を不徳とする中国の思想が確立するのは、実は、日本が統一国家として歴史に登場する隋唐のころからなのですが、この思想が確立する主たる原因は韓民族の抵抗にあったといっても言いすぎではありません。

十八史略のそのころの記述を読むとその間の事情がよくわかります。

隋の煬帝については、「大業七年、帝みずから将となって天下の兵を徴して高麗を撃った。……人夫が数十万人で昼夜絶えず米を廻漕し、死人が枕を並べるようになり、民衆は困窮して、ここではじめて群盗をなすようになった」とあり、あとは、十八史略独特のテンポで、急坂を転がり落ちるように隋王朝の没落を描いています。この時の高句麗の戦いぶりは見事なものです。将軍乙支文徳は戦っては偽って逃げ、隋軍を平壌城のそばまで深く誘い込み、平壌城が堅固で攻めあぐねた隋軍が引きあげて清川江を半ば渡ったところを痛撃して、三十万五千（百万と号しました）の遠征軍のうち、帰ったのは僅か二千七百人という大勝利をおさめます。

ついで唐の太宗の高麗征伐について、十八史略は、「この外征では、十城を陥し、七万の人口を唐に移し、三つの大合戦で四万以上の首を切った。しかし味方は三千人の兵士を失い、戦馬は十に七八は死に、それでも目的は達せられなかった。太宗は深く後悔して、もし魏徴が生きていたらこのようなことはさせなかったろう」といって、先にうとんじられた唐の名臣魏徴の名誉回復をします。唐の太宗といえば、中国の歴代の皇帝の中でも最高の歴史的評価を与えられている名君です。十八史略も、その業績と人となりに讃辞を重ねていますが、太宗の章の結びに「ただ、晩年に東征されたときは、褚遂良の諫（かん）を聴かなかった」と一言だけつけ加えてあります。

外征をにくむ詩は杜甫にもあります。ちょうど日本と大陸との本格的な対外関係が始まるころから、外征を不徳とする考え方が中国に確立する――これもまた日本にとってはきわめて運のよい話です。

韓民族というのはいろいろと不思議な民族です。まずは驚くべき内向的な民族で、歴史上膨張政策をとったことが一度もありません。新羅は建国以来五世紀までに二十数回も倭人に攻められたと自ら記していますが、新羅が日本攻撃を企図した記録は皆無です。また元寇が失敗して以来、逆に倭寇の跳梁は著しく、高麗朝滅亡の一因となったといわれるくらいですが、これに対しても防戦一方で、対馬攻撃が実施されたのは一四一九年ただ一回のようです。国家主義者朴正熙が、「わが五千年の歴史は一言でいって退嬰（たいえい）と沈滞の歴史である。いつの時代に辺境を越えて他を支配したことがあろうか……こんな歴史は燃やしてしまえ」と歎いているのにもよくあらわれています。

ところが、防戦となるとこれまた驚くべき能力を発揮します。

さきの高麗の乙支文徳が隋軍を破った勝利と並び称されるのは一〇一八年から一九年にかけての契丹軍の十万の入寇を迎え撃ち、牛の皮で川をせき止めて一挙に切って落すという奇

朝鮮半島の戦略的意味

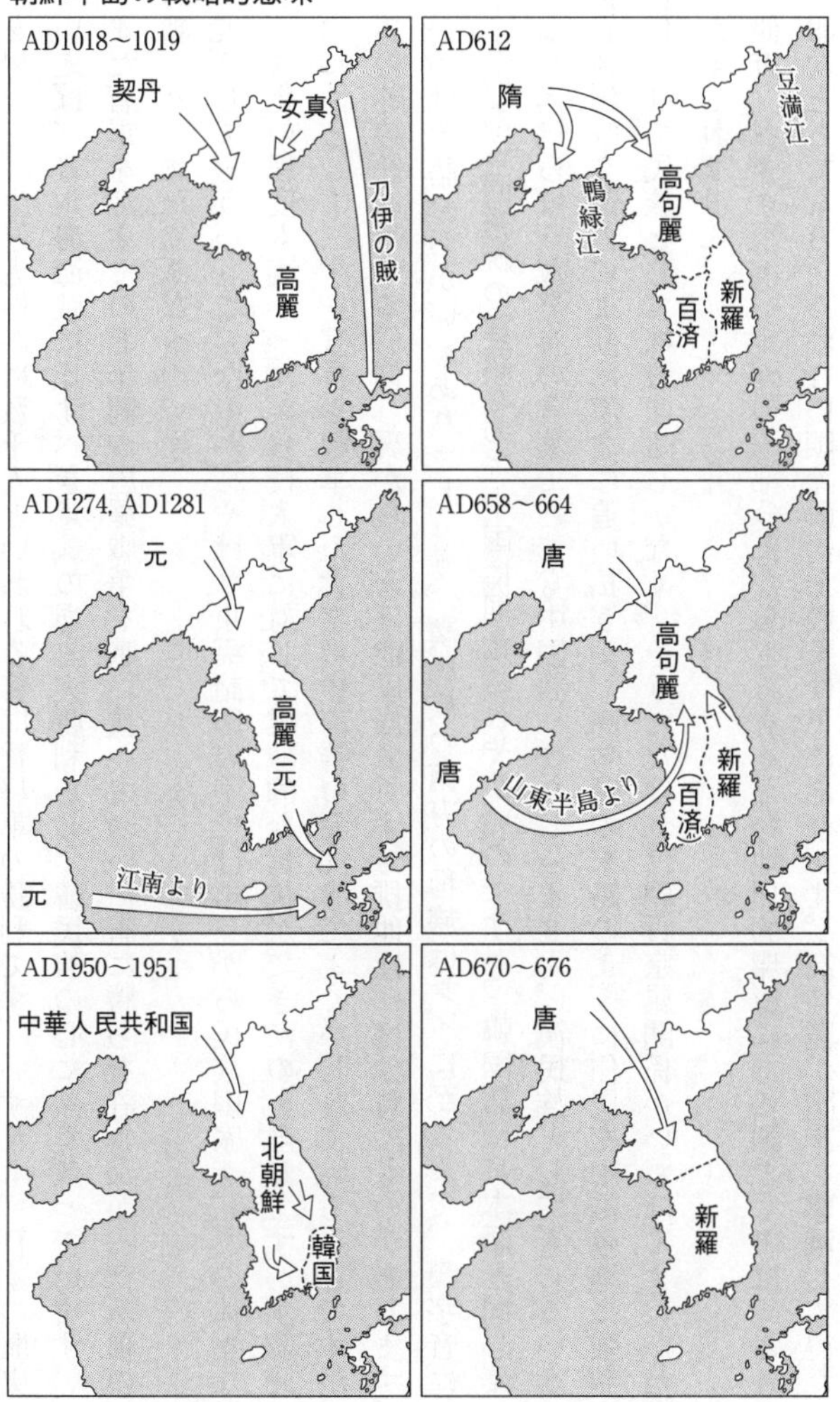
AD1018～1019
契丹
女真
刀伊の賊
高麗
AD612
隋
豆満江
鴨緑江
高句麗
百済
新羅
AD1274, AD1281
元
高麗(元)
元
江南より
AD658～664
唐
高句麗
唐
山東半島より
新羅
百済
AD1950～1951
中華人民共和国
北朝鮮
韓国
AD670～676
唐
新羅

策を用いて、生還者僅かに数千人といわれる姜邯賛将軍の勝利です。いずれも、日本の歴史でいえば、日本海海戦に比すべき意義のある大勝利として韓民族の心に深く残っています。

また唐軍を迎えての七年間の唐羅戦争を戦い抜いてついに唐に勝ちを許さなかった新羅の勇戦ぶりもまた立派なものです。

どうしてそういうことなのか、やはり東夷諸国の中では早くから民族国家としての体をなし、文化の程度も高かったから侵入軍に対して組織的な抵抗ができたのも当然ですが、韓民族の特性として三・一宣言を起草した大学者崔南善の論文等でよくいわれていることですが、民族の純粋性に対する信仰、裏からいえば他民族に対する排他性には独特のものがあります。

一つは言語のちがいもありましょう。漢民族の南方の種族はタイに至るまで、漢字音に平仄(ひょうそく)のある同系統の言語なので中国に同化されやすいのですが、韓国語は日本語と同じようなのっぺらぼうな発音の言葉でとても中国語にはなじみません。漢民族としてもこういう種族は匈奴や蒙古のように漠北に追い払うか、高句麗の末路のように住民を中国各地に強制移住させて民族として抹殺するしかなく、そうでなければ朝貢宗属関係がいちばんよいかたちかもしれません。

他方、パックス・シニカの一部分にならざるをえない地理的環境にある国としては、対外征服などとても考えられない国際政治上の条件下にあります。高句麗が隋軍を撃滅して得た代償は隋に入貢を許されることでしたし、新羅が唐羅戦争を勝ち抜いた代償も同じです。元の大軍を追い返したベトナムの代償も同じことでした。勝って中国に進撃しても四百余州を制するわけにはいかず、いずれは息切れして負けるのですから、早く和平を結んで安定した国家関係をつくることが大事です。負ければ民族の滅亡、勝っても宗主国に対する藩属関係というきびしい条件ですから、外への発展などとうてい考えられません。

フィンランドの救国の英雄マンネルハイム元帥が、ソ芬戦争の末期に、「休戦は至上命令だ。フィンランド国軍が崩壊したら休戦はありえない」と言ったのも同じことです。負ければ自由なフィンランドは滅亡、英雄的な抵抗でやっと勝ちえたものが、いわゆるフィンランダイゼーションです。力関係と国の大きさがあれだけちがうと、宗属関係かフィンランダイゼーションのようなかたちが生まれるわけです。

というわけで、対外侵略の意図も能力もなく、他面北からの脅威には敢然と抵抗する意思のある国が大陸本土と日本とのあいだに介在している——これほど日本の安全にとって有難い条件はないといえましょう。

歴史の表面にあらわれない場面でも、韓民族が日本の潜在的危機を救ったケースはあります。もし高句麗が崩壊して朝鮮半島全土を隋が席捲していたらどうなっていたでしょうか。聖徳太子が「日出る処の天子、日没する処の天子に書を致す。恙無きや」と言ったのに対して（王芸生は、これを日本が中国に逆らって「抗礼の挙に出たはじめ」と書いています）、「蛮夷の書無礼なるものあり」と怒った隋の煬帝がどういう対日態度をとったかは想像にあまりあります。あの強大な高句麗でさえ、隋に対する戦勝の後にあえて臣礼をとって入貢して平和を保ったほどのきびしい東アジアの戦略環境で、日本のナイーヴさは危険極まりないものでした。

契丹に対する高麗の抵抗にも同じことがいえます。契丹は蒙古にも劣らない膨張主義国家ですから、朝鮮半島が完全に征服されていれば元寇と同じことになっていた可能性がありま す。刀伊（とい）の賊というのは当時契丹に服属していた沿海州の女真族の由で、契丹の南進と刀伊の入寇のあいだにどこまで連繫があるのかはわかりませんが、同じ年に九州に侵入していることからも、そのころ東北アジアの民族活動が活潑（かっぱつ）化していて情勢によっては危機をはらむ状況にあり、それが高麗の抵抗で救われたということもいえます。

さて、このような日本をとりまく戦略的均衡状態が崩れるのは白村江後、近代までの千二百年のあいだで、元寇前後の十年間と秀吉の朝鮮出兵の十年間だけです。

元寇においては日本をとりまく均衡の条件の中で少なくとも二つが破れています。一つは千二百年の歴史の中でこのときだけは大国の自制がはたらいていなかったことで、これは言うまでもありません。もう一つは朝鮮半島がバッファーの役割を果せなかったことです。

実は極東の歴史で、中国大陸の勢力が朝鮮半島南端にまで及んだのは前にも後にもこのとき一度だけです。

白村江の敗戦後、日本は唐の侵攻に備えて、対馬、壱岐、筑紫に防人と烽火を置き、各地に城を築きます。しかし半島南部の百済を滅ぼした唐軍は北進して高句麗に向い、これが滅びると、百済の故地の処分問題などをめぐって唐と新羅の戦争が始まって、新羅はちょうどいまの休戦ラインの北あたりで唐の軍勢をよく防いで、半島南部には唐の勢力の侵入を許しません。すでに述べたとおり、唐帝国もはじめは普通の膨張主義の帝国でしたから、もし唐が新羅を征服したならば次は日本だったことは充分想定されます。現に白村江の後で唐が倭を討つために兵船の修理をしたという記録もあるそうです。唐と新羅の戦争は、日本にとって神風以上の幸運だったといえるでしょう。

その後、宋、契丹、明、清の時代に大陸中心部の勢力は一度も半島南部に及んでいません。元寇のときと状態が最も近いところまでいったのは朝鮮戦争のときで、李承晩政府は、元寇のときの高麗政府と同じように敵との力の差がありすぎてはかばかしい抵抗もできず、南部の海岸の西半分まで北朝鮮軍に制圧されますが、その後は国連軍が釜山の橋頭堡をよくもちこたえて反撃に転じました。これだけからも、大陸に膨張主義的な大国――あるいは外征を不徳とするような特殊な道徳をもたない普通の大国――が出現して、朝鮮半島南部の抵抗が崩壊して、大国の勢力が南部まで及んだ場合は、極東の均衡の条件が崩れて日本に危機が迫るという、考えてみればあたりまえすぎるようなことが、日本の戦略的環境にとって真理として残ることになります。

結局は朝鮮半島南部の戦略的重要性ということに帰結します。第三章で述べるとおり、日露戦争の前に、強大ロシアを相手に日本が本当に戦争するかどうかの判断は、一にかかって、そのままでは半島南部までロシアが進出してくるかどうかの見通しだけでした。この地理的条件が、沖縄返還のときの佐藤・ニクソン共同声明における「韓国の安全は日本自身の安全にとって緊要である」という思想にもつながって現在に至るわけです。

もちろん、半島南部を取られたからといって、それが日本の破滅ということでなく、そこから日本の正念場が始まるわけです。現に大陸の力が圧倒的に強くて抗し難いときは半島南部のバッファーがなくなるという状態が現出していますが、そういう場合は、白村江の後とか、元寇のときのように、西日本は要塞化し、全国的に動員態勢をとる必要が生じています。自衛隊の前身の警察予備隊の発足も、朝鮮戦争勃発二週間後のマッカーサーの指令によるものです。

結局は今も昔も同じことで、半島南部の海空軍基地が非友好的勢力の手に陥（お）ちた場合を考えると、日本が追加的に必要となる防空能力、制海能力、揚陸阻止能力、ひいては日本の防衛体制全般は、現在のものと質量共に抜本的に異るものとならざるをえないでしょう。

島国であることの得失

秀吉の朝鮮出兵の例は、日本から向うに攻めていった例なので、専守防衛のわが防衛戦略の参考とはならないので割愛しますが、一つだけ指摘したいのは朝鮮出兵の場合でも、白村江の場合でも共通していえることとして、日本側の戦闘能力過信と、戦略の驚くべき粗雑さ、というよりも情報と戦略のまったくの欠如です。

朝鮮の役は、小西行長が何とか秀吉をごまかして適当なところで話をつけようとし、それに乗じた明側の謀略にひっかかるのですから、秀吉は初めから戦略情報については盲目同然で、その点では気の毒といえますが、それはそれとして十五万人の人数を準備しただけで、あとはただどんどん進んで大明国を征服してしまおうという以外には戦略がないのですから、無策とも何とも言いようがありません。天下統一の過程で、あれだけの戦略能力を発揮した秀吉が、対外政策では一転して無策になる——このことの裏には、単に秀吉の頭脳が老化したのではないか、ということ以上に、もっと深い日本人の「外国なれのしない」特性があるのでしょう。日本勢は現地ではその場に応じて、秀(すぐ)れた攻城野戦の能力を発揮するのですが、戦争全体のやり方は、戦闘能力重視、情報と戦略軽視の最たるものです。当時明国のスパイが明の朝廷に送った報告に、日本人は勇猛果敢だが何ごとによらず計画性がない、と書かれたのもやむをえないような状況です。

白村江出兵の理由も歴史の資料によれば、「昔から助けを乞われれば助けにいくのは当然である」というだけで、大唐帝国と新羅の連合軍を相手にするにしては単純なものです。戦場でも、状況を考えずに「わが方が先を争って攻めていけば、敵はおのずから逃げるだろう」という戦術で唐軍にぶつかっていきます。それで負けるのは仕方がないとして、その後もちっとも国際情勢に即応した措置をとっていません。敗戦後西国の守りを固めたのは当然ですが、新羅と唐がそれから五年かかって高句麗を滅ぼし、その後七年間にわたる唐と新羅の戦争が起っても、これを利用する気はなかったようです。パワー・ポリティックスからいえば唐と結んで宿敵新羅を挟撃するチャンスですが、高句麗を滅ぼすが早いか新羅が外交的先手を打って莫大なお土産をもって日本に入貢してみせると、すっかり機嫌がよくなって、それっきり半島政策は放棄します。

結果としてみれば、新羅と唐を戦わして日本は一息つき、新羅、唐の両方と親密な関係を保ちえたのですから外交上いちばんよい選択だったといえますが、どうもそこまでわかってやったとはとうてい考えられません。というのは、その後新羅が唐羅戦争を勝ち抜き、大同江以南の国境確定という玄宗皇帝の勅をもらってもう日本の機嫌をとる必要もないので日本との関係を疎略にしだすと、今度は日本側が怒って出兵の準備をします。この出兵は総動員をするまでで沙汰やみとなりますが、あのときに出兵していれば、唐と新羅の関係は蜜月ともいえる状態でしたし、安禄山の乱も終っていますから、また手痛い目に遇うばかりか唐との関係も台なしになることも目にみえています。

力関係がわが方に有利なときは先方が下手に出るのでコロコロ喜んで、出兵しない。力関係が逆転して先方が高姿勢に転ずると今度は怒って攻めようとする、これでは情勢判断も戦略もない、驚くべき単純思考です。よくこれで千二百年間やってこられたと思います。国際環境のきびしい国ではとても考えられないことです。いまでも、日本周辺の客観的軍事バランスと無関係に、むしろ国内事情を中心に日本の戦略を構築しようという発想がしばしば出てくることの背後にはこういう歴史的伝統があるのでしょう。

一般的に日本の旧軍の欠点として、アングロ・サクソン風の情報重視戦略でなく、プロイセン型の任務遂行型戦略を採用したことが指摘されています。つまり勝てそうかどうかの見極めをつけてから戦闘を行なうのでなく、与えられた兵力で与えられた任務をいかに遂行するかを考えるということです。ここでは詳しい例を挙げるいとまもありませんが、太平洋戦争では、彼我の戦闘力、補給能力の差を無視して、幾万の有能な戦士が任務遂行のために無謀な戦闘に従事して白骨と化しています。

しかし、こう見てくると、客観情勢の無視は、「清水の舞台から飛び降りた」太平洋戦争の開始それ自体の考え方の中にすでに存在するのであって、単に明治以来のプロイセンの影響だけでなく、おそらくは島国という恵まれた環境に育った日本民族の、世界にも稀な経験の乏しさ、そこからくる初心(うぶ)さが、外部の情報に対する無関心と大きな意味での戦略的思考の欠如を生んできたといえましょう。

第二章　日清戦争と軍事バランス

崩れゆく伝統的均衡

極東の伝統的な均衡が破壊される過程は、マジェランの世界一周以来数多くの段階があります。とくに十九世紀になってからは一八四〇年のアヘン戦争、五八年の愛琿（あいぐん）条約、六〇年の北京条約（沿海州割譲）など、いわゆる西力東漸も急テンポになりますが、どれか一つだけ決定的なものは、といわれると、それは日清戦争だといえます。

実は日本だけにとってみれば、日清戦争はその後の日露戦争と一緒にしてはじめて意味をなすもので、それ自体だけであまり意味はない戦争でした。もちろん日清戦争で日本は台湾と莫大な賠償金を獲得しますが、それは戦争の本来の目的ではありません。戦争の目的は一にかかって朝鮮半島における日本の覇権を確立し、日本の安全保障を確実にする国際環境を確保することでした。しかし最終的に日露戦争に勝って強制的に韓国を併合するまでは、日本の朝鮮政策はまるでザルで水を汲んでいるようなものでした。

明治十七年の甲申の変で金玉均の独立党のクーデターが成功して親日政権ができるとすぐに清兵が介入して、政権は三日天下に終り、そのあと日清戦争までは朝鮮半島のヘゲモニーは完全に清国が掌握します。

日清戦争中でソウルが日本軍の占領下にあったあいだは、親清派をパージして、新政府に種々の親日政策をとらせることもできますが、三国干渉で日本が脆くもロシアの言うとおりになるのをみると、占領中迫害された閔妃を中心とする宮廷はロシアの勢力を引き込んで日本に対抗させます。これをみて怒った日本公使館、邦人記者団等が、壮士をひきいて宮廷に乱入して閔妃を斬殺し石油をかけて焼いてしまうという無茶苦茶をしてみたところで、かえって逆効果になっただけで、この乱暴に驚いた国王は宮廷ごとロシア公使館に避難して、政府全体がロシアの庇護下に入ってしまいます。そしてその後は、宮廷がロシアに掌握されたままという不利な条件の下でのロシアとの交渉を余儀なくされて、朝鮮半島においてロシアに日本と同じ地位を認めるだけでなく、ロシアが財政顧問と軍事教官を送ることも認めます。つまり実質的には日清戦争前の清国の地位をロシアに与えることになります。

たしかに、日本のやり方が未熟で強引すぎて逆効果ばかり生んでいるのですが、根源をたずねれば、文禄・慶長の役以来、朝鮮の人は日本に怨みがあり、日本人をまったく信用していないのですから、いくら一時的に抑えたつもりでも面従腹背でどうにもならなかったわけです。日韓併合で最終的に抑えつけたといっても、それも今となっては同じことで、韓国の人の対日感情はむしろ悪化しただけで、やはりザルで水を汲んでいただけでした。

このどうしようもない日韓関係で、ただ一つ日本人が韓国人と信頼関係をつくるチャンスがあったとすれば、それは日本が韓国の近代化を助けることだったと思います。韓国の歴史の中で唯一といえる親日派だった金玉均の独立党も、その目的は、当時近代化の旗手であった日本と組んで近代化をしたいということでした。現在日本が韓国の近代化のために経済協力をしているのも、遅まきながら、やはり日韓関係を安定した基礎の上に置く正攻法なのでしょう。

さてこのように朝鮮半島の覇権だけでなく、遼東半島も三国干渉で手放したと思うと、三年後にはロシアが取ってしまって、日清戦争で日本が満韓で得たものは全部ロシアに取られてしまうことになります。

日清戦争の世界史的意義

しかし日清戦争はむしろ、極東の均衡に決定的な影響を与えたという意味で世界史的な事件でした。それまで清国は次々に領土を失いましたが、その経緯をみると、必ずしも基本的な国力、軍事力の弱さからだとも言えず、時の政府の無能、または辺境領土に対する関心の薄さ、あるいは近代帝国主義の扱いの不馴れなどに起因するところ大きく、現に取られた領土も、海島か辺境、あるいはビルマ、安南のように名目的な宗主権をもっていた地域だけで、中国本土の安全に直接関係あるようなところは手放していません。

しかも北京条約以降は立ち直って、西太后の下に「同治の中興」といわれるような内政の安定をみせ、富力にまかせて海軍を拡張した中国は、隠然として世界列強の一をなしていました。

その清国が弱小日本に負けて、満州族の本拠である直隷の地まで割譲に同意し、もう見るべき軍事力も財力もないとなったら、列強が見逃すはずはありません。はじめは清国の財政が日本への賠償で窮乏したのに目をつけての露、英、独、仏の借款供与競争、次には鉄道利権の争奪、それからドイツは膠州湾、ロシアは旅順、大連、英国は威海衛、九竜、フランスは広州湾と相つぐ租借地の獲得、ついで中国本土における各国の勢力範囲の設定と、わずか三、四年のあいだに、中国は大帝国から半植民地に転落して、列強による中国分割さえ公然と議論されるようになります。

日清戦争が中国没落の決定的要因となったことは、もはや歴史の定説となっているので考証の要もないのですが、ロストフスキーの『東方経略史』を引用してみますと、一八八一年のイリ条約のころは、ドイツは「支那は人々も多く武器、軍需品も豊富」だという「支那の実力に関する誇張された意見で抑制されていた」のだが、いまやその弱体を日本に曝露され、ビスマルクの失脚で「舵取り」を失い、植民地獲得に野心満々たるカイザーにとって「機会はあまりにも誘惑的であり」、ドイツが膠州湾を取ると、「他のヨーロッパ諸国も熱心にこれにならい、歴史上最も恥ずべき一章をつくった」と書いています。

陸奥宗光の情勢判断

右の文章はドイツがいちばん悪くて、あとはその真似をしたように書いてありますが、実際はそんなことはありません。だいたいが三国干渉からして、端的にいえば「そこは俺達が取るところだから、お前はひっこんでいろ」ということです。陸奥宗光が『蹇蹇録』で記している情勢判断によれば、「ロシアの野望は遠大なのであるが、まだ準備が整わないので当面は現状維持を欲している。日清戦争では、清国が勝つと思い、したがって大きな現状変更はないと思っていたところが、日本が勝って予想外に事態が進展しそうなので、いそいで艦隊と陸兵を増派して、実力行使も辞さない覚悟で干渉してきた」わけです。

この判断は後に公開された資料からみてもきわめて正確なものです。一般的にいって、帝国主義時代の列強の考え方は百パーセント悪意に解してまずまちがいありません。悪意というよりは、それぞれの国の国益本位の徹底した利己主義です。これは帝国主義時代にかぎらず、歴史のすべての時代において国家関係の基本をなすものですが、時代とその場の状況によって、これが表に出ないこともあるので、帝国主義時代の歴史は権力政治（パワー・ポリティックス）の基本形として参考になるものです。

もう今は二十世紀で十九世紀ではないという人もいますが、人類の歴史はそう簡単に本質が変るものでもないでしょう。二十世紀もやがて終りますが、二十一世紀の歴史家がふり返ってみて、「力と国権主義の時代であった十九世紀に較べて二十世紀は道義と国際主義の時代だった」と、皮肉（アイロニー）でなく言う可能性はまずありません。二つの大戦（二つですめばの話ですが）とイデオロギーを異にする東西国家群の対立、ナショナリズムが先進国だけでなく全世界的に拡大したことを主題とする歴史観にならざるをえないでしょう。

帝国主義時代を知るのに、『蹇蹇録』というのは大変面白い文書です。序文にあるとおり、「総じて外交文書というのは含蓄を主としてその真意を表に出さないから、ただ読んでも砂を嚙むようなものなので、これを絵画風に描写しようとした」ものです。

外交史を書いているわけでもないので詳しい引用をするいとまもありませんが、日清戦争の発端も日本による意図的なものがあったことを赤裸々に記しています。

東学党の乱が起って、清国が朝鮮の求めに応じて出兵すると、日本もすぐに出兵します。そして乱が収まったから帰ってくれといわれると、清国が「十中八九まで同意せざるべし」という日清合同の朝鮮内政改革案をもち出します。朝鮮に宗主権をもっていると思っている清国が当然これを断わると、待っていましたとばかり戦争にもちこみます。その内政改革案についても、陸奥は実は日清間の「多年の懸案（宗主権問題）」を動かすためにつくり上げたもので、自分はもともと朝鮮に満足な改革ができるか疑わしいと思っているので改革の内容も日本の利益を主眼とするものにとどめ、このために日本の利益を犠牲にする必要はなく、「義侠（ぎきょう）心で十字軍を起す」考えは毛頭ないが、国民世論が韓国の改革という義侠の精神で一致していることは、内政外交上すこぶる好都合と認めた、と書いています。

権力政治の最たるものですが、道徳的価値判断は別にして、これだけ、何の幻想もなくロシアの意図も的確に読み、自分のしていることがよくわかっていれば、どんな事態に遇ってもけっして甘い判断や誤判断は出てこないでしょう。

こういうことは当時でも少しものの わかる人からは見え見えです。朝鮮も清国も、日本の善意など頭から信用していませんし、米国は「乱が収まったのに日本が撤兵をしないで急激な改革をしようと言っているのは深く遺憾だ。……日本が無名の師（名分のない戦争）を起して隣国を兵火の巷にすれば米国大統領はこれを痛く惜しむであろう」と、これまた的確に事態を把握して忠告しますし、当時勝海舟も五言絶句をつくって、「其ノ師、更ニ無名」と結んでいます。

陸奥宗光も、米国の意図については「米国は日本に対して最も友好的な国であって、平和を希望する人類の普遍的な心情と、朝鮮からの頼みを断わり切れないという以外に他意のないことは明白である」と言って、米に対して、鄭重に日本の立場——公式論ではありますが——を説明しています。この米国の意図についての判断もまた正しいのでしょう。これだけ何もかもわかっていればこそ、三国干渉がくると、ロシアは本気、ドイツは野心満々、日本は力不足、道義的には米国の同情は求められない、「英国人は人の憂いを憂えて之を助けんとするドン・キホーテに非ず」と見極めて、ゴタゴタを残さず手際よく遼東を還付して事後処理をすることができたわけです。

鎖国から脱け出しまだ日浅い時期に、よくこれだけの現実的判断ができたものです。陸奥は好んで「十字軍」とか「ドン・キホーテ」とか、判断にモラリズムや幻想を加えるのを揶揄する表現を使いますが、何でも主観的に考えがちの日本の風土で、これだけの冷徹な判断をするのには大変な知的度胸が要りましょう。陸奥の天才と、これを終始理解、支持した伊藤博文の判断のよさ、そしてこういう明治の先輩が、維新以来、生死のあいだを幾度かくぐり抜けてきた経験がここに生きているのでしょう。

二国間軍事バランスのモデル

さて、清帝国の崩壊は日本と朝鮮にとっては千二百年続いたパックス・シニカの崩壊を意味し、日本と中国との関係においては力の逆転を意味します。図は不揃いの資料から抜き書きしたもので、まだ考証の余地はありますが、大局をつかむには充分でしょう。次頁の図の海軍力の比較でわかるとおり、日清戦争までに日本はほぼ同等の海軍力を達成し、戦勝の結果、「鎮遠」など残った清国の軍艦をぶんどって、日中関係に関するかぎり、完全な海軍力の優位を獲得します。

この間の経緯は軍事バランスというものの意味を理解するモデルとして面白いので、これを材料としていろいろ考えてみたいと思います。さらに面白いことは、当時の国際情勢の関係でパックス・シニカが崩壊して列強が急に介入しだす前までは、第三国の戦力はほとんど関係なく日清間だけのバランスで考えてよいことであり、二国間軍事バランスのモデルとして現在の米ソのバランスを理解する参考にもなるということです。

まず、何をもってほぼ同等——ここではパリティーという言葉を使います——というかと

黄海海戦参加艦艇（日本は配備年、清国は進水年　数字はトン数）

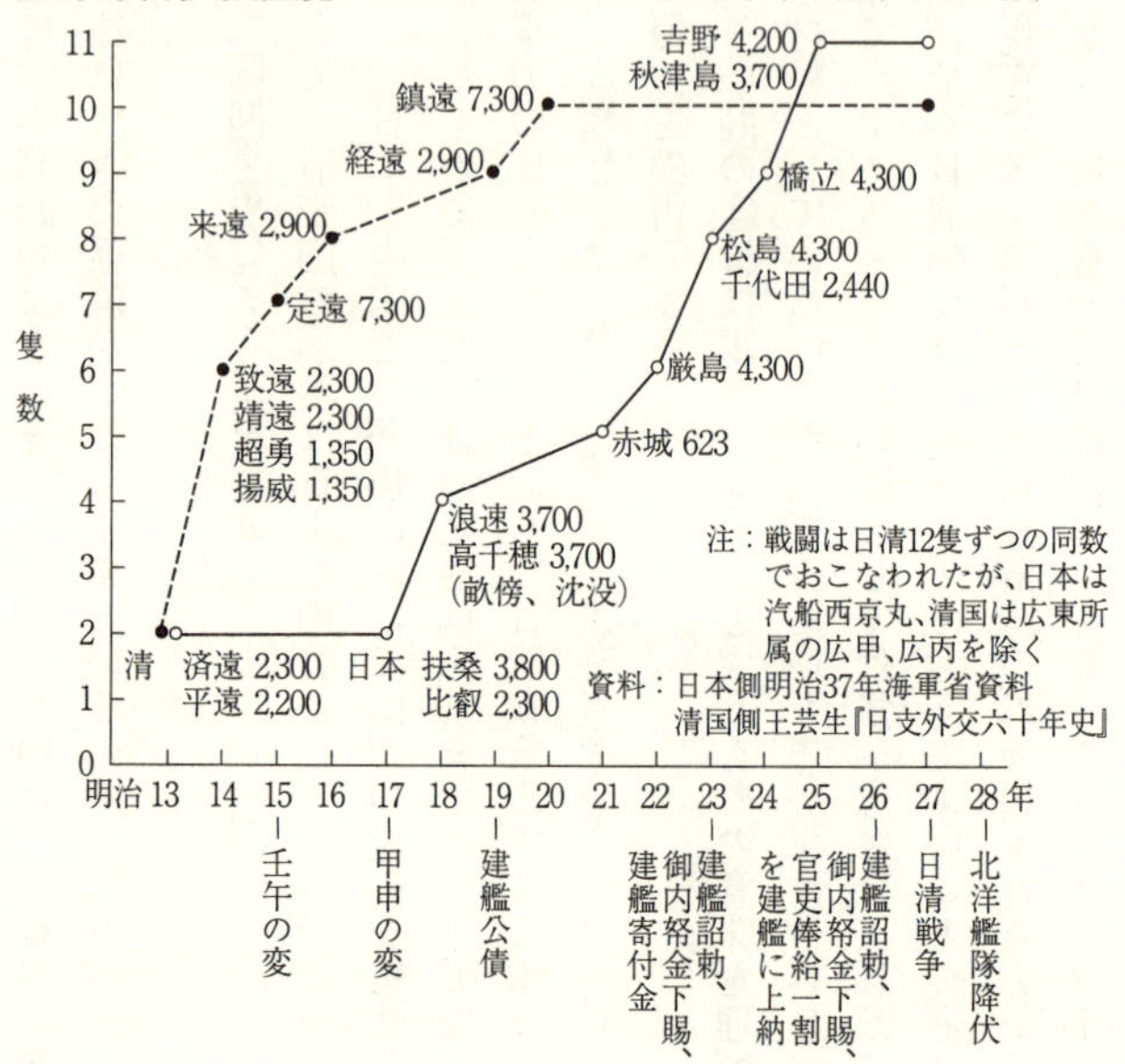

いうことです。黄海海戦では日清の両艦艇の数は一応十二ずつでしたが、その戦力の評価はまちまちでした。

主砲の威力と数、装甲の厚さでは「定遠」「鎮遠」を擁する清国が圧倒的に優勢でした。たしかに日本の「松島」「厳島」「橋立」の三景艦はもっぱら「定遠」「鎮遠」に対抗するために三十二センチ砲を一門ずつ（「定遠」「鎮遠」は三十センチ砲四門ずつ）積むように設計された船ですが、お金がないので無理をして小さい船にギリギリの大きな大砲を載せたものですから、砲身の重みで船が傾くという騒ぎで、黄海海戦でも主砲はほとんど打っていません。また、「定遠」「鎮遠」の装甲はわが砲弾は一発も貫通していません。まさに不沈戦艦です。

しかし日本側は船の速度と速射砲の数でまさっていて、いつも有利な隊形をつくりながら敵の船の甲板の上に速射砲弾をたたき込んで火災を起させ戦闘能力を奪っています。

こういう長短槍試合のようなことでは勝負はやってみなければわかりません。より一般的にいって、戦争というものはありとあらゆる事態が予想されるので、やってみるまではあくまでも確率の問題です。戦闘前、ロンドンでの賭け率は七対三で清国に有利だったそうですが、もし、たとえば、戦闘の初期、まだ日本側の射程が届かないときに「定遠」「鎮遠」の一斉射撃で、わが方の先頭に立つ巡洋艦「吉野」のまわりは水煙で囲まれたそうですが、そのうち一発でも「吉野」に当っていたら、戦争はおそらく清国の勝利に帰していたでしょう。「吉野」はいちばん働いて多くの清国の艦を沈めていますし、「定遠」「鎮遠」の砲弾の威力は怖るべきもので、戦闘中「鎮遠」の砲弾をまともに受けた旗艦「松島」は九十六名（黄海海戦のわが方損害の約三分の一）の死傷者を出し、ほとんど戦闘不能に陥っています。

したがって、戦争において僅少な差は差ではない、という一般原則が成立します。

最近の米、ソのバランスの評価でも、ソ連ははたして米国に追いついたのか、ＩＣＢＭの数では追い越したが弾頭数はまだアメリカの方が多いのではないか、たとえ軍事力では追いついても、経済力ではとうてい太刀打ちできないからソ連の脅威は過大評価ではないか、などの数々の疑問が出ています。ソ連は経済が弱いから心配いらない、いや、だからこそかえって何をするかわからない――ちょうど同じような議論は勃興期の日本を前にして清国側の文書にも見られます。

琉球併合に際しての駐日公使何如璋の意見具申では、「日本は国小にして貧しく、……国債は二億を越え、旧士族のうらみもある。……清国に伝えられる日本の事情の多くは誇張である……」として、いま強く出れば日本はひっこむと言っていますし、壬午の変のあとの鄧承修の日本威服説では、「日本は持っている金は使い尽して国債に頼り、流通は紙幣に頼っているが、有事にはそんなものは紙屑になる。英独米への借金も繰り延べしようとしている。こんなに貧乏で、国家といえるだろうか」と言い、ともに清国の富強と較べて論じています。他方、朝鮮に対しては、李鴻章は、「日本は近代化と言っているがそのために国庫が窮乏し、外国に事を構えざるをえない状況にある」と言って、日本が朝鮮を狙っていると警告しています。

清国の富強、日本の貧乏、これは日清戦争の直前までは言うを俟(ま)たない事実ですが、にもかかわらず日本が清国に挑戦したことも、戦争に勝ってしまったことも事実でした。

二つの国の軍事力を比較する場合、大局的に見て有意義な物差し(クライテリア)は、「ほぼ同等(パリティー)」の状態か、いずれかが「明白に優位」であるか、の二つしかないと考えてよいでしょう。そこから先の勝ち負けは実際に戦争する人にまかせるしかありません。ほぼ同等(パリティー)の状態で、日本側の主砲が貧弱だとか、国防費の負担が過大で国庫が窮乏しているとか、それがみんな事実としても、だから日本の脅威はないといって安心する材料にはならないということです。

清国側が「明らかに優位」にあった時期は四〇頁の図から見てわかるとおり、たしかにありました。

明治十七年の甲申の変では、すでに述べたとおり、清兵の介入で親日政権も三日天下に終り、日本公使以下命からがら汽船で逃げて帰ります。明治十九年の「定遠」以下の清国艦隊訪日の際は、清国の水兵が乱暴して日本の警察官との衝突事件がありますが、井上外相は事を穏便にすませます。いずれも争っても勝つ見込みがまったくなかったからです。

圧倒的な優勢というのは誰の眼にも明らかに見えるものです。明治十五年、福沢諭吉は、「支那の海軍はいまでも日本の三倍近いが、今後ますます増強して、琉球回復などといって戦争をしかけてきたらどうなるだろう。最近の戦争は勇気でなしに武器で決まる。もし日本が負ければ、清国兵は日本に上陸してどんな乱暴をするかわからない」と書いて国防の急を説いています。

ところで、清国がどうして海軍をこんなに急速に拡張したかというと、日本の台湾出兵、沖縄の併合がその大きな原因になっているようです。

明治七年の台湾出兵事件は、清国が日本になにがしかの金を払って落着させるのですが、時の総理衙門の文書は「日本は軽挙妄動して退くに退けず苦境にある。清国は人の苦境に乗ずることはしない」と言って、金で退散させようという中国の伝統的なふところの深さをみせますが、結論の部分では、「本件は日本が勝手なことをしたのであって、わが海軍力に恃むに足るものがあるならば議論の要もないのに残念である。わが自強の計は一日もゆるがせにすべからず」とあります。そして日本が沖縄県を設置し、さらに清国との通商で西欧列強の特権に均霑しようとすると、李鴻章は、「外侮が重ね来たって窮りない。正に奮起せざるべからざる秋である。まずいそいで軍艦四隻を買わねばならない。数年後に海軍が整備されれば、実際に海を越えて日本を攻めなくても、その用意さえあれば、日本の傲慢さも、このために少しは衰え、各国が清国を軽侮することも漸次消滅するであろう」と上奏します。

明治八年、明治政府は、当時もっていたのは幕末以来の旧艦ばかりなので、鋼鉄艦「扶桑」と鉄骨木皮艦「金剛」「比叡」を英国に発注しますが、それがそれなりの力となっていたわけです。前述の何如璋と李鴻章のやりとりでも、何如璋は「あれは鉄甲でなく鉄皮らしい」と言い、李鴻章は、「聞くところでは五、六分の鉄皮でなく、四寸の鉄甲だそうだ」と日本の船の装甲の厚さを推測し合っています。

既述の台湾出兵、琉球併合における清国の寛大さといっても、畢竟(ひっきょう)は軍事力のバランスを背景としたものでした。戦争して勝てないからということでもありませんが、中国伝統の戦略である「威を以って屈服させる」には兵力が充分でないということでしょう。そして、清国政府が李鴻章の献言を容れて軍艦をどんどん買い出すと、今度は形勢逆転して、日本は李鴻章の予言どおりすっかりおとなしくなるばかりでなく、日本の安全保障さえ心配になってきます。

こう見ると福沢諭吉も清国の脅威を過大評価していたわけではなく、現に当時は清国政府内の枢機に参画する人々のあいだで、東征論が最も盛んな時期でした。福沢の論文が出たのは明治十五年の壬午の変の直後ですが、当時の駐日公使館員で後世も親日家、知日家で知られている姚文棟は「自分は日本とはけっして戦争してはならない、そうすると西洋人に漁夫の利を占められるというのが持論だった。しかし日本に来てみて武力を用いよという説ももっともだと思うようになった。子供が甘やかされてわがまま勝手をしているときに躾(しつけ)をしないといけないようなものだ」と記しています。ちなみに、この子供を躾けるという思想が、一九七九年の中越戦争にあらわれているのも面白いところです。この戦争は「第一次教訓」といわれています。

やはり同じ年、給事中の鄧承修は上奏して「開戦を明言する必要はないが、軍艦を集めて示威をして、そのうえで琉球を滅ぼした罪を責めれば、日本人も弱みがあるので戦争はしまいし、琉球事件の趨勢（すうせい）を変えられるだけでなく、ヨーロッパ諸国も清国の軍備充実を知り、フランス人の広西蚕食も解決するであろう」と論じ、また翰林院（かんりんいん）侍読の張佩綸も、「いますぐ日本を征伐せよとは言わないが、軍艦をつくり、山東と台湾を固めたあとで、琉球事件を問責し、軍艦で示威をして、国交と通商を断絶すれば、日本は驚いて防備を増して国費を消耗してしまう。わが方は守りは万全だから日本はどうすることもできない。そこで日本が弱ったところで攻撃すれば一戦で勝負が決まるだろう。これに反して優柔不断で坐視して軍備も強化しないと、数年間は平穏無事かもしれないが、やがて、蕞爾（さいじ）たる日本もついに清国の巨患となるであろう」と上奏しています。当時の日本の軍事力では、こうやられては日本も相当困ったでしょう。

中国の伝統的制度というのはよく整っているもので、こういう上奏があると朝廷は大臣に命じて、これをコメントする論文を書かせます。この時代はいつも李鴻章がコメントを書くのですが、このとき李鴻章は、東征の考え方は自分の考えとそう変らないが、いまは時期でなく、まだ準備がないのにそういうことを言うと日本も外国に頼ったりして対抗策を講じてくるので、表向きは静かにして海軍力を強化するのが先決だという判断を下しています。

そのとおりにいけば、四〇頁の図は明治二十年以降も平行線で清国の優位のままでいって、日本もいずれは疲弊したかもしれませんが、結果は、二年後の甲申の変で日本がひっこんだりしておとなしくなったこともあり、西太后は建艦費を頤和園(いわえん)をつくる費用に流用して百年の悔いをのこすことになります。

さて、こうなると今度は日本の軍拡の番です。さきの論文でも福沢諭吉は、「自分もかつては経済建設に国庫の金を使うのに賛成していたのだが、もしその金を軍備に使っていればいまほどのことにはなっていなかった。慚愧(ざんき)に堪えない」と告白して軍備拡張の緊急性を指摘していますが、政府もまたその年にひそかに軍備拡張の方針を決定します。しかし、清国側指摘のとおりの窮乏財政で財源の捻出しようがなく、明治十九年には建艦公債を発行して三景艦の建造をいそぎ、明治二十三年には明治天皇の御内帑金(ごないど)下賜と国民の建艦寄付運動でどうにか建艦を続けます。そして明治二十六年、民権意識の昂揚していた議会が建艦費を全額削除すると、明治天皇は六年間宮廷費を節約して毎年三十万円を下賜され、官吏は特別の事情のある者を除き六年間月給の十分の一を建艦費に返納するということとなり、一転して、議会も大建艦計画を満場一致で採択します。

こうして、図のとおり、日清ほぼ同等(パリティー)に達したときに朝鮮では東学党の乱が起り、日清戦争に突入します。壬午、甲申の変では、清国の威の前には手も足も出なかった日本が、今度は自分から戦争にもちこみます。つまり、日清間の国際政治のゲームのルールに変ったのです。「明らかな劣勢」からパリティーへと力関係が変ったので、日清対決すれば日本がひっこむというルール・オブ・ザ・ゲームが変ってしまったのです。キューバ事件のときの米ソ関係は、まさに、甲申の変のときの日清関係でした。両方核をもっていたといっても、その力の差は「定遠」と「扶桑」の差よりももっと大きいくらいで、キッシンジャーが「いまとなっては郷愁（ノスタルジー）をもって」語っているほどです。ですから、せっかく共産党の政権ができたキューバにミサイルをもちこもうとしたソ連はアメリカに一喝されてすごすご引き下がっています。

しかし、もし今度キューバ事件のようなことが世界のどこかで起ったときに、どちらが退くのか、まだゲームのルールはまったく決まっていない。そのときが危機です。ただし、危機ということと戦争が起るということは別のことで、戦争は力の関係だけで起るものではありません。

戦争というものは、ほとんどはどこかの国内の政治的事件を契機として始まっています。日清戦争も、東学党の乱が起きなければ、いくら日本に自信があっても勝手に始めるわけにはいかなかったでしょう。ソ連の指導者の意図はわからなくても、我々の二、三世代前の先輩の考え方ぐらいはわかります。国権的というか日本帝国の国益のみを考えた人々ですが、それでも、何も契機なしで戦争を始めるわけにはいきませんでした。朝鮮における東学党の乱というチャンスを捉えたわけです。

その意味では、戦争の可能性を局小化するために「戦争を避けるには後進国の内政の安定が大事だ。だから経済援助で平和に貢献する」という現在の日本の考え方は、日清戦争の例からも一理はあります。しかしそれにも限界があることは心得ておく要はありましょう。清国がもし朝鮮政府に経済援助をしていたとしても、それで東学党の乱を避けえたかどうかははなはだ疑問です。政策論の一部としてはそれでよいのですが、戦争を避ける方法をそればかりに頼るわけにはいかないのは明らかです。

やはり、日清戦争の清国側の経験から学ぶ教訓は、戦争というものは、自分の国ではどうしようもない他国の内乱とか、クーデターとかの政治的事件を機にして起ることが多く、百パーセント予測するとか予防するとかいうことは不可能であり、そしていったん戦争の可能性をはらむ危機的状態となると、関係国の動きは、そのときの力関係によって左右されるということでしょう。ですから、米ソのパリティーにおける政策論としては、軍事力のバランスを不利にしないように、おさおさ怠りなく軍事力強化の努力をすることと、いかなる小さな政治事件もどこまで拡大するかわからないと考えて、情勢判断と外交に大きな努力を傾注することです。

清国にとって妥当な選択は、明治二十年以降も年に一隻ずつくらいは軍艦を買っていくことだったのでしょう。だいたい近代兵器というものは、昔の鎧(よろい)かぶととちがって一度そろえておけば子々孫々使えるというものではなく、たえず更新近代化していくものですから、清国の国力からいってもそのくらいはあたりまえの話です。それでは日本とのはてしない軍拡競争になるのではないかといっても、国家と民族の安全には代えられません。

そんなことをしても老清帝国はいずれは滅んだからムダだという説もあります。戦前の日本の史観ではシナ蔑視からそういう考えが定説となり、たまたま戦後の日本マルクス史観でも封建中国はいずれ滅びたということで、この点は日本の中国史観の常識となっているように思います。

しかし、考え直してみると、両方ともかなり観念的な考え方なので、実際はあれほどひどい目に遇わずにすんだかもしれません。もちろん、内政的には辛亥革命のような民主革命も、共産革命もありえたでしょうが、そのために何も半植民地化される必要はありません。現に徳川幕府から明治維新に移行した例もあります。もし、日本が一時でも半植民地化されていたとしたら、いまごろは、あの封建体制から抜け出すには植民地化しかなかったという史観も存在しえたと思います。いずれにしても、中国が半植民地化を避けえたとしたら、それが過去百年間の中国人民個々人にとって、どれだけ幸せだったか計り知れないものがありましょう。百年前に日本の貧窮をわらった中国が、その後の近代化にまわり道にまわり道を重ね、いまでも日本の経済協力を必要とする——それだけ考えても、歴史の転換期における判断がいかに重要かということをしみじみ感じさせられます。

アジア主義の問題

最後に日本の戦略論という観点から、永遠の疑問として残るのは、アジア主義の問題です。戦前の日本帝国の歩んだコースに代わりえた路線として最も重要なのは、後述するように日露戦争後大陸経営に乗り出すかわりに、米英との友好路線を選ぶことであったのですが、その他に、あるいはもっと溯って日清戦争の前に、日中または日中韓提携して西力東漸にあたるという戦略の現実的可能性があったかどうかということです。

民間の論説にはアジア主義はいろいろあるのですが、両国政府の公式文書を見るかぎり、結論からいってその可能性は皆無だったといえます。

実はアジア主義的考え方は、外交辞令または公式発言の枕詞としてはよく使われます。日清戦争後の下関談判で、李鴻章は、「西力東漸の今日こそ黄色人種が相結合して白皙(はくせき)人種に対抗する準備を行なうべき秋である。ここで雨降って地固まるといかねばならない」と言って、少しでもよい講和条件を取ろうとします。

しかし秘密文書になるほど、そういう考えは両国の政策文書の中に見当りません。

朝鮮の開国交渉で森有礼が北京に行ったときに李鴻章は、「清国、日本、その他の小国も心を合わせて局面を挽回すれば欧州と対抗できる」と説きますが、その話し合い後、李鴻章が朝鮮に送った密書では、「日本人の性情は兇悪不屈、貪婪(どんらん)で狡猾(こうかつ)、一歩を得ると一歩を進めてくるからこれを扱うのは容易なことではないが……」と言ったうえで、日本だけでなく、英、独、仏、米とも国交を開いて、日本とロシアを牽制するのが得策だと勧告しています。

清国の日本不信には秀吉の朝鮮出兵以来の歴史的経緯もあるのですが、その裏には力の関係があります。ロシアとの新疆国境調整、日本との琉球、通商等の案件が同時に錯綜したころ、李鴻章の上奏文は、「日本に譲歩しても日本は清国を援けてロシアの侵入を防げないのだから、むしろロシアに譲歩して、ロシアに日本を抑えさせた方が得である。それ、ロシアと日本の強弱は相へだたること百倍……」と論じています。

これは権力政治(パワー・ポリティックス)の原理をよく捉えています。一般的に弱者同盟というものは力の上であまりプラスにならないうえに、強者を「しゃらくさい真似をする」と言って怒らせて、危険が増大するおそれがあります。

強者を刺戟(しげき)しようとしまいと、どうせ侵略してくるという判断がつけば、それでも少しは意味があるでしょうが、その場合でもパワー・ポリティックスからいって弱者同盟に意味があるのは、第三者たる強者と結ぶ場合です。日清戦争前に日清韓結合して、アングロ・サクソン世界の協力を得てロシアの東漸に対抗するという選択は、三国間の相互不信からいって現実性はなかったのですが、理論的にはありえたわけです。しかしそれは力の関係からいえば日清の同盟というのはつけたりで、日本、清国、韓国がそれぞれアングロ・サクソンの力を恃むということと同じですから、日本について言えば十年後の日英同盟の選択と同じことだといえましょう。このことは現在の日米安保条約と日中関係を考えるにあたっての参考となりましょう。

ただし、日英同盟も、あとで考察するように、日清戦争時の日本の力では足手まといになるということで英国から相手にされえなかったものが、日本が力をつけることによって可能となったものです。この力の関係が、結局、アジア主義というものが明治における日本の政策の現実的な代案とならなかった決定的な理由だったのでありましょう。

第三章　北からの脅威

北方の地政学的条件

日本にとって、日本の北方の戦略的意味は何かということはまだ解答の出ていない問題です。

事実関係としても、極東の米軍配備は、少なくともつい最近までは、依然として朝鮮半島有事が中心となっているともいえますし、いずれにしても、過去の北東アジアにおける戦争は全部朝鮮半島経由で、北方では戦争らしい戦争がなかったというのも歴史的事実です。北方が朝鮮半島と同じくらい戦略的に重要だというならば、過去とちがった新しい事態が起っていることを説明しなければなりません。その意味からも再び歴史に立ち戻って考えてみたいと思います。

日本周辺に伝統的な平和と安定が存在した理由の一つには、日本の北方には脅威が一度も存在しなかったということがあります。

日本が統一国家として成立したころは、北には蝦夷といわれた種族がいて、奈良朝と平安初期の日本は、大和民族が北陸と東北の蝦夷を征服しながらその支配地域を拡大していきます。蝦夷は自分の生活圏が脅かされるという意味で、大和民族の北進に抵抗はしても、奈良、京都を中心とする日本の国家に対して脅威になったことは一度もありません。その主たる理由は蝦夷は一度も統一国家を形成したことがなく、日本の北進に対して有効に抵抗できる政治体制をもたなかったからです。エミシとアイヌが同種族であるかどうかは人類学者の先生方におまかせするとして、ロシア東漸前の時代における江戸幕府とアイヌの関係も同じものといえます。時々はアイヌの反抗はあったようですが、弱小松前藩にさえ脅威を与えるほどの統一国家をつくるにいたっていません。

それほど抵抗が弱いのに日本が北方に進出しなかったのは、進出する経済価値がなかったというだけのことでしょう。もちろん経済価値はまったくないということはありえないのであって、異る風土に住むために払う犠牲との関係で相対的なものですが、日本の家のように外気の流通のよい南方式のものでは北方に住むにはおのずから限界があります。

経済的利益がないのにもかかわらず北方に進出するためには何らかの政治的動機が必要ですが、北方に脅威がないことそれ自体が北方に対する征服欲をなくさせる原因ともなりえます。これは蒙古に征服されたロシアが、ロシア民族の安全保障のために、国境を一センチでも遠くの東の方にもとうとして、東へ東へとタタールを追っていった歴史と好対照をなします。

かりに元寇がむしろ蒙古の本拠である北から樺太、北海道をへてきていれば蒙古帝国の衰退するにつれて、ちょうどロシアの東漸に似た歴史の発展が日本史の中にもありえたかもしれませんが、当時の北方には、大軍を動かす道路も、これに補給する物資も労務者もなく、朝鮮半島と華南経由が軍隊を動かす唯一の方法でした。このような地政学的条件はつい最近までも同じです。日露戦争の時代でも、戦場はもっぱら他人の土地である朝鮮半島、満州で、樺太、千島はきわめて局地的な部隊間の戦闘しか行なわれていません。

この不毛な地域にロシアが進出してくるのですが、その動機は、十五世紀以来十九世紀までのヨーロッパ世界の拡大の動機と同じでしょう。つまり、まずは地理的発見、ついで征服掠奪と通商の利益が目的です。近代帝国主義となると、植民地化による市場と資源の独占、ひいては資本輸出市場の独占がその目的となりますが、シベリアに関しては、十九世紀までは経済的利益といえばテンやラッコの毛皮だけでした。むしろ、経済的利益を伴わない、あるいは財政的に犠牲を払うことを覚悟のうえでの地理的発見の情熱と物理的な膨張主義がその動機であったといえます。

ロシアによるシベリア探険は歴史が古く、十七世紀にはもうカムチャッカを越えてアラスカに到達し、一七〇六年にはピョートル大帝の名でカムチャッカ領有を宣言します。

ところで、ヨーロッパの勢力拡張時代におけるこの「無主の土地」の発見、占有という考え方は、現在に至るまで国際政治の上に問題を残すことになります。

とくに、ヨーロッパの植民地になってしまったアジア、アフリカの国々にとっては、何千年来自分達が住んでいた土地を「無主の土地」といわれて「発見されて」、占有の根拠とされたのではたまったものではありません。

ヨーロッパ諸国の一つが、たとえばカムチャッカを発見して占有したということは、競争関係にある他のヨーロッパ諸国に対しては意味のあることですが、カムチャッカの先住民族にとっては単なる侵入、不法占拠です。つまり、キリスト教を信ずる白人以外は国や民族としての法的主体でないと考えないかぎりは、本来成立しえない法理であったわけです。

戦後、国連憲章が十九世紀以来の国際法秩序を基礎として内政不干渉の原則を高く掲げていたにもかかわらず、アジア・アフリカ諸国が、数をたのんであとからあとから植民地解放の決議案を提出し、植民地解放宣言まで採択したのは、一見無理を通しているようにみえましたが、むしろ旧来の国際法理の裏の方にも、こういう歴史的な無理があったのでしょう。

ロシアのシベリア進出が日本や中国にとってどういう意味があるかというと、これとやや異ってヒンターランド（背後地）というものをどう考えるかという問題といえましょう。いわば、何百年来誰も住まなかった裏山の奥まったところのようなもので、ふだん別に用のあるところではないけれども、他所者（よそ）が居据（いすわ）って、「俺がテントを張った以上、俺の縄張りだから入ってはいけない」というと釈然としないというような場所のことです。

これも西欧文明国間ではちゃんとした法理があって、たとえばグリーンランドは昔からデンマークのものと思っていましたが、ノルウェーがまだ人の住んでいない東部における漁業権、狩猟権を主張したときに、デンマークは国際裁判に訴えて勝訴しています。この法理でいえば、樺太は一八〇六年のロシアのフヴォストフ海軍大尉の襲撃事件の際に、現に攻撃の対象としてアニワ湾に松前藩の運上屋と付属施設があったのですから、二年後の間宮林蔵の全樺太探険を待つまでもなく、北部も南部もなく日本のものだったといえましょう。

もちろん日本も中国も、国際法の問題点をはっきり認識していたわけではなくても、裏山にどんどん杭を打たれることには割り切れないものを感じて、その場その場では「そんなヘンな話はない」と言って抵抗していますが、そうなると結局は力の関係になります。

中国がいまでも中ソ国境の大部分は「不平等条約」の結果だと言っているのも、力の差で無理やり押しつけられたという意味です。中国は、不平等条約とは言いつつも現行の条約を基礎に国境交渉を進める立場を表明していますが、中国の国民感情にはわだかまりが残り、それが中ソの国家関係に長く影を残すことは避け難いでしょう。

もっともロシアに言わせれば、ロシアが占拠したのはもともとシベリア原住民の土地で、中国人もロシア人と同じように外来者だということです。フヴォストフの樺太襲撃計画の背後にあったといわれるロシア側の考えによれば、「このような暴力的占領は不正にみえるが、日本人の樺太占領だけが正しく、ヨーロッパ諸国による占領は不正であるとはいえない。樺太の真の所有者であるアイヌの同意を得ればよいのである」ということです。そして、計画の実行の前に、フヴォストフは上司のレザノフから、日本の物資はぶんどることとするが、船に積み切れない分は土民に分与し、土民をつとめて鄭重に待遇すべしというように、いろいろ原住民を宣撫(せんぶ)する指示を受けています。

林子平は、『三国通覧図説』の中で、ロシア人は「武力、暴力を使わず、寒いと、胡椒と衣服を与えて体を温めさせ、砂糖やよい酒を与えて喜ばせ、ときには大砲を轟(とどろ)かせて威を示し、蝦夷人を懐柔しているそうだ」とオランダ人の言を引用して述べています。

もちろんいったん植民地にしたあとでは、カムチャツカの土着民などに対して苛斂誅求(かれんちゅうきゅう)もしたようですが、そのようなことは帝国主義時代はどこの国でも使った常套手段でしょう。

一度取ったものは離さない

領土についてのロシアの考え方を示すものとしては、「一度ロシアの国旗が掲げられた土地においてはけっしてそれが降ろされてはならない」というニコライ一世の言葉があります。愛琿条約で黒竜江北岸がロシア領となる七年前、ネヴェルスコイが六人の船員と一門の大砲を乗せた船で黒竜江を溯江し、上陸してロシア国旗を掲げてその土地を皇帝にあやかってニコライエフスクと名づけます。ロシアの政府は欧州の政情が緊迫しているので、この際、清国と衝突しては大変だ、ということでネヴェルスコイを軍法会議にかけますが、ニコライ一世がこれに介入して特赦を行なったときの言葉で、当時ヨーロッパではかなりの反響を呼び起した由です。

たしかに、もし清国が本気で立ち向ってきたならば六名ぐらいの人数ではどうにもならず、逆効果になったおそれがありますが、たまたま清国はその年から始まった太平天国の乱で忙殺され、むしろその結果英仏が介入し、ロシアは漁夫の利でこの既成事実を条約で確保することになります。

現在のソ連は、一度歴史的に確定したものはいじるのはやめようとか、社会主義の獲得物は手放さないとか言っていますが、ものの言い方は変っても領土を取られた側の身になれば、

「一度取ったものは返さない」と言っているのだから同じことです。

さて領土拡張の問題についてはその程度にして、ロシアの極東進出には他の帝国主義諸国とちがう二つの特殊な動機があります。一つは大洋への出口の確保と不凍港の獲得でこれが最も重要ですが、もう一つは通商の必要で、まずこれについて簡単にふれましょう。

極東におけるロシアの経済的利益は、昔からの毛皮を除いては、他の帝国主義諸国のように通商と投資ではなく、むしろ逆に経済性を度外視して拡大した版図を維持するための補給の必要にあります。

十九世紀も半ばになって一八四七年、ニコライ一世がムラヴィヨフを東シベリア総督に任命したときに、「もし他国がカムチャツカを占領しても、イルクーツクにいる汝は約六ヵ月後にそれを知るであろう」と言ったそうですが、東シベリアにおける交通の不便と物資のないことは言語に絶するものでした。ロシアは早くからペトロパブロフスクやオホーツクを基地としていましたが、必要な物資ははるばるヨーロッパから喜望峰かマジェラン海峡を通って運んでいたようです。

したがって、日本と通商して穀物などの補給ができれば有難いし、そうでなくても、当時東アジアにおける唯一の西欧の安定した植民地であるルソン島と通商できればよいのですが、その通り路として日本の港が使えれば有難いわけです。また、シベリアの唯一の輸出商品である毛皮の市場である中国との貿易のためにも便利です。ですから日本の開港の問題は、英米の場合とちがってロシアにとっても植民地の生存にもかかわる問題です。

フヴォストフの樺太襲撃も実施の段階では独断専行のきらいがありましたが、はじめはレザノフの日本遠征計画の一部でした。その計画によれば、まず樺太を襲撃して日本移民を撤退させ、ついで北海道の日本植民地を破壊して、日本の漁業（北方が中心と判断していたようです）を壊滅させ、ついで日本本土の沿岸航路を妨害して海運を杜絶させれば、国民は物資欠乏に苦しんで、日本政府の鎖国政策を非難して、ついに日本はロシアに港湾を開放するにいたるであろう、ということです。北方の植民地奪取も兼ねて日本との開港通商を目的とした戦略です。

ロシアの極東植民地を維持するための日本の経済価値、これは今も昔も同じことです。最近は東部シベリアの開発は目ざましく、着々と独立の経済単位たる地位を占めていますが、それでも必要な物資は欧露か西シベリアからの輸送に頼らざるをえず、有事には極東が孤立してしまって物資欠乏に悩むおそれがあります。マルキシズムの経済学では運送費は生産コストの中に数えないという話を聞いたことがありますが、理論的に数える数えないは別にして、東シベリアの材木を欧露にもっていって、その代償として生産性の低いソ連の消費物資を運んでくるよりも、同じものを日本と貿易した方が得なことは誰がみても明らかなことで、必要な物資の供給源としての日本の重要性は変りません。さらに日本の技術が優れてきたおかげで、東シベリアだけでなく西シベリアの開発にまで日本の工業製品が欲しいとなると、ますますその重要性は増えます。

ただ、この伝統的なロシアの発想からいえば、領土問題を経済協力で解決しようという発想は、論理的には逆筋になります。もちろん、それもプラス・マイナスの程度の問題でしょうし、また政治的な考慮もありうるとすれば、その可能性は捨て去らないでとっておくことは意味のあることとは思います。しかし伝統的には、極東のロシア植民地を維持するために経済協力が必要なのであって、通商ができないのならできないで、歯をくいしばってでもロシア領土を守るということです。

その源泉は――帝政時代でも、いまでもすべてのロシアの政策についていえることですが――ロシア人の愛国主義でしょう。日露戦争におけるロシア兵の戦いぶりをみると、あれだけの「無名の師」であり、しかも退却の連続ばかりでありながら、将校、兵士達の愛国心の横溢(おういつ)しているのに驚かされます。愛国心の最も昂揚した時期である当時の日本人にも劣りません。日本人の愛国心と向う気の強さというものは、すでに述べたように、島国で世間知らずで楽天的なところからきたという面があるので、本当の困難に際してどうなるのか未知数のところがありますが、蒙古の支配で隷属の屈辱を受けながら、それをはねのけて育ってきたロシア人の愛国心の方が本物ではないかという気さえします。

　ロシアは大帝国です。あれだけの大帝国をなすには国民性に何かがなければなりません。それも単に辛抱強いというような受け身の美徳だけでなく積極的なものがあるはずです。それは伝統の愛国主義と、コサックに象徴される尚武の気風という二つのきわめて非経済的な要素だといってよいでしょう。西シベリアや中央アジアの征服などは政府がいくらその気になっても、コサックの勇武なしには考えられないものです。愛国心というものは、個人が犠牲になっても自分の国が大きくなれば充分償われたと感じるものですから、対外関係にあらわれたかたちでは拡張主義となりますし、尚武の精神は力のみを信奉すると言いかえることもできます。

　拡張主義で力を信奉する国というと、どうつきあってよいのかまったくとりつく島もないという感じがしますが、愛国心に満ちた尚武の国とつきあって相互に尊敬されるよい関係をもつという発想ならば、あるいは新しい態度もありうるかもしれません。力で対抗するほかはないという結論になる点ではどちらでも同じといえますが、相互の意図の信頼感というような面ではちがったところが出てくるかもしれません。隣国なのですからただ力だけというのも淋しい気がします。

　もう一つ、愛国心が個人の経済的福祉の代替になりうるということは国際政治で見逃してはならない点です。戦前の日本はそのよい例で、日本を相手にする国は次々に同じ誤算をくり返しています。日清戦争前の清国、後述するように日露戦争前のロシアは、いずれも、日本の経済力ではいずれ疲弊して自滅するという予想を立てていますし、太平洋戦争前の対日政策を担当したホーンベックは、日本の軍事力はシナ事変のために極度に疲弊しているので、アメリカが強く出ても戦争に訴えられないと考え、真珠湾の十日前に、日本は戦争をしかけないという賭を五対一で提案しています。その少し前、東京から一時帰国した在京米大使館員が情勢の悪化に憂慮の念を表明したのに対して、ホーンベックは、「歴史上絶望感から戦争を始めた国家の例が一つでもあったら言ってみてくれ」と言った由です。

経済と政治との関係というものは単純に結びつけられないことが多々あります。とくに一国の命運にかかわるような事態では政治的考慮がまったく優先して、経済はそれに合わせるようについていくしかないもののようです。これは現在の「ソ連の脅威」論争にも関係してくる問題です。

海洋への出口

ロシアの極東進出における特殊な動機は海洋への出口です。

さきにふれた東シベリア総督ムラヴィヨフは、イルクーツクから二ヵ月半かかってペトロパブロフスクに着いて、これこそリオデジャネイロ、サンフランシスコ、シドニーに匹敵する大港湾だとして、ロシア艦隊の太平洋根拠地づくりにとりかかりますが、あまりに地理的気象的条件が悪いので、あらためて黒竜江の下流に眼を注ぎます。

このペトロパブロフスクの悪条件はいまもまったく変りません。いまだにシベリア本土と結ぶ鉄道はおろか、まともなハイウェイもなく、補給を海に頼らざるをえない点では、絶海の孤島と同じです。また冬は流氷、夏は濃霧に閉ざされます。日本海内のソ連海軍基地が、いわゆる三海峡に出口を扼されているという地理的制約にもかかわらず、いまでも依然としてソ連太平洋艦隊の主要基地とならざるをえないのは、まったく同じ理由によるものです。また、そのため、ペトロパブロフスクと日本海を結ぶ航路の上にある千島列島の戦略的重要性も出てきます。海氷の南限は季節によって南北に移動しますから、千島でも南千島ほど航路としての利用度が高いことが北方領土の戦略的価値の一つであることも、ここから生じます。

さて東シベリアの交通は、主としてそりと船で行なわれていましたので、黒竜江のように東西に流れる河は絶好の交通路です。さきに述べたネヴェルスコイはムラヴィヨフの命を受けて黒竜江付近を探索するのですが、さらに、沿海州を南に進み、後にピョートル大帝湾と呼ばれるウラジオストックを建設する湾を発見します。こうしてロシアは黒竜江を下って太平洋岸に達し、沿海州に海港を設けるというかたちで、はじめて内陸から海洋への確実な出口を確保します。よほど嬉しかったのでしょう、ムラヴィヨフは、東の支配（ウラジオストック）という名の町を建設させ、湾の中には東方のボスフォラスとか金角とかいう名がつけられました。西方でロシアがダーダネルスを制しようとしてどうしても果せない夢を東方に実現したわけです。

ちなみに黒竜江というのは曲りくねった河で、場所によっては中央線の中国側を通らないと航行不可能で、その問題が当初からいまに至るまで中ソ間の国境交渉に残っています。また、ポーツマス条約でロシアが北樺太に固執した理由は、「国の安全保障の問題である、なぜならば樺太はその地理上の位置により黒竜江地方への通路を扼しているからだ」というのがロシア側の説明でした。いずれも、黒竜江の水路という、ロシアが発見したはじめての太平洋への出口に関連した問題です。

しかしウラジオという絶好の海軍基地を獲得しても、今度は内陸との連絡は黒竜江の航行だけではとうてい充分でありません。そこでシベリア鉄道の話が出てきます。

シベリア鉄道の建設もロシア民族の大ロマンです。その困難はアメリカの西部劇の大陸横断鉄道の比ではありません。冬は凍って杭も打てず、夏は泥濘（でいねい）と化す凍土の上を、イェニセイ、オビ等の大河を横切り、極寒の山脈を越えて建設するのだから大変です。満州問題もはじめはこの内陸と海港との連絡問題に端を発します。黒竜江というのは大きく彎曲（わんきょく）してい

朝鮮半島の戦略的意味

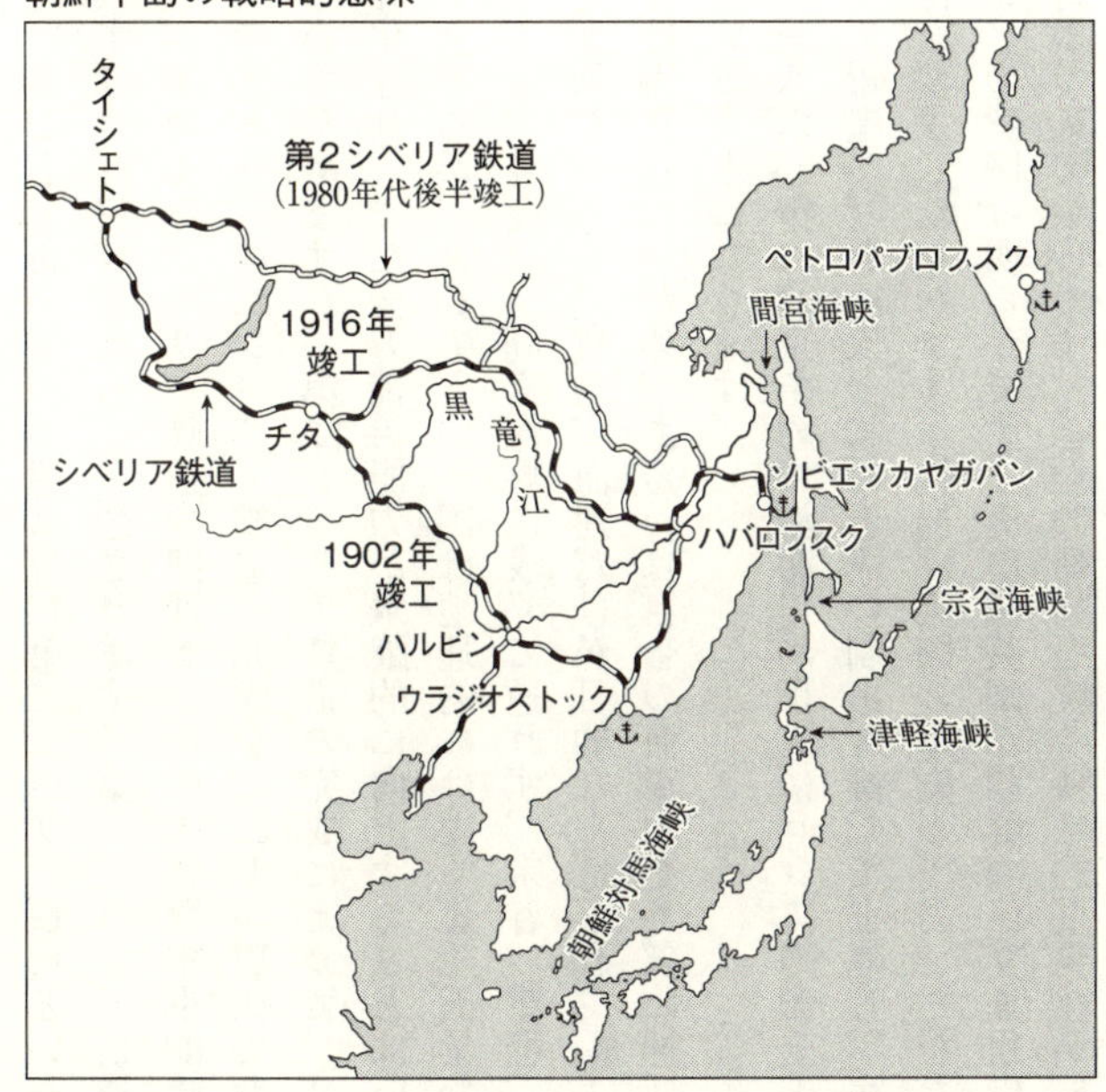

るので北満州を横切ると、ウィッテによれば、「四百五十マイル節約になり、そのうえ通過する地方は黒竜江地方より土地豊饒で気候温暖という利点」がありました。これが東清鉄道です。

この鉄道の権利は日露戦争後も、ロシアが北満州に頑張っていたのでそのまま維持されますが、満州事変などをへて最終的には中国の統一と中ソ対立以来、ソ連の中央部とウラジオとの連絡は、再び黒竜江の彎曲した線を通る鉄道、水運に頼らざるをえなくなり、ソ連の国防上最も脆弱（ぜいじゃく）な点となっています。こういうこともあって、ソ連は現在第二シベリア鉄道といわれるバム鉄道を建設中で、八〇年代半ばには完成されると予想されます。第一シベリア鉄道が完成するのは日露戦争の二年前で、そのころシベリア鉄道の開通がいかに大きな軍事的政治的意味をもってみられていたかを考えると、第二シベリア鉄道の完成をこれとの類比で考えるとあまりにアラーミストになるのでやめますが、第二シベリア鉄道の完成によって、ソ連の東部シベリアの安全が格段に強化され、また後方補給能力が飛躍的に向上することはいうまでもありません。

ところが、ロシアという国は地理的にはよくよく因果な国で、こうして太平洋岸まで出てきても、今度は、間宮海峡は浅くて通れず、宗谷、津軽、対馬の三海峡によってその出口が扼されています。貿易、海運だけが目的ならばそれでもよいのでしょうが、有事の際に海運を妨害されないため、あるいは自らの海軍力を外部に伸展させるためには、まだまだ不自由ということになります。

一八六〇年に北京条約で沿海州が正式にロシアの領土となると、もう翌年の六一年にはロシア軍艦が対馬に入って対馬藩の制止を排して上陸し、宿舎の建設を強行したり、土地の租借を要求したりします。結局は英国の軍艦の圧力でやむなく立ち去りますが、このときのロシアの意図は明らかです。その後英国が朝鮮の巨文島租借を申し出たのも、逆に、ウラジオ封鎖の意図からです。ともに朝鮮海峡の戦略的重要性から生じた事件です。

日露戦争の前の日露交渉でも、ロシアは終始一貫して朝鮮海峡の自由航行を要求します。日本側としては、自由航行の方は問題はないのですが、朝鮮半島をロシアが取らない保証が得られるかどうかが、大国ロシアと戦争するかどうかを決める最後の判断となります。朝鮮半島南部にロシアが海軍基地でもつくったら、今度は日本側の自由航行どころか、日本の安全さえどう守ってよいかわからなくなるからです。

当時のロシアが朝鮮半島領有を意図していたことは明らかです。すでに述べたように帝国主義時代の列強の意図は、最も悪意に解釈してまずまちがいありませんが、あえて資料を引用すれば、ロマノフの「満州における露国の利権外交史」によれば、ロシア政府の関係者は、「朝鮮はロシア帝国の将来の領土の一部であり、朝鮮半島の南端を日本に譲れば、ロシアは戦略的にみて朝鮮の最重要の地域を自ら放棄し、自己の行動の自由を束縛するもの」と考えていた由です。

ウイッテはロシアの遼東半島租借にも反対した穏健派ということになっていますが、ロマノフによれば、ウイッテの考えは、「ロシアが遼東半島に進出することには支那が反対するであろうが、朝鮮半島に進出するのならば、むしろ朝鮮半島に日本が進出するのを抑えることになるので支那は歓迎するだろうから、朝鮮を平和的に取った方がよい」ということの由です。そして日本の抵抗については、「日本の朝鮮経営はいずれ財政的に息が切れるであろうから、シベリア鉄道が完成するまでに日本が出費で無力化していることはロシアが朝鮮を占領するのに好都合だ」と考えていたようです。

このように当時のロシアは遼東半島と朝鮮半島のどちらを先に取るかの選択があったのを、ドイツが山東半島に出たのにひきずられて遼東半島を取ったわけです。それが日露戦争で日本に取り戻されるのは御存知のとおりですが、ソ連は第二次大戦で日本に勝って、遼東半島をあきらめずに、中国と交渉して、旅順、大連の使用権を得ます。しかしその後は中ソ関係の進展にしたがってその使用をやめ、中ソ対立の激化以降は、この方面へ向っての海洋進出は断念せざるをえないかたちになっています。

朝鮮半島も朝鮮戦争の結果いかんでは現在のベトナムにおけるカムラン湾、ダナンのように、ソ連による進出の可能性もありえたでしょうが、朝鮮戦争はかえって、米韓関係を強化させる結果になり、東シナ海への海港確保は当面不可能となりました。たとえ、両半島のいずれかをその勢力下に置いて、東シナ海に出たとしても、まだ、琉球列島と台湾が大洋の出口を扼しています。とくに沖縄に米軍の大基地があるという現状では昔とはその戦略的価値が異ってきます。

ここで宗谷と津軽の二海峡の重要性が出てきます。

日露戦争で樺太の南半分を取られたロシアは、さっそくポーツマス条約で宗谷海峡の自由航行を提案し、日本側は間宮海峡の自由航行と交換にこれに応じますが、ロシアが右提案を撤回したことによって沙汰やみとなったことがあります。

戦後は、ソ連はサンフランシスコ平和会議においても、日ソの正常化交渉においても一貫して、宗谷、津軽、対馬の三海峡を非武装化し、商船についてはすべての国の商船と、軍艦については日本海の沿岸国の軍艦のみについて自由航行を認める、という提案を行なっています。この提案はその後もソ連の公式態度となっていると考えられます。

三世紀にわたって、ロシアは、海港を求め、海港とロシア本土との連絡路を求め、海港から大洋への出口を求めてきましたが、現在はいわゆる三海峡、とくに太平洋に直接出られる宗谷、津軽の二海峡にますます強い関心を寄せているといってよいでしょう。また、この二海峡の中で宗谷が冬期凍結することを考えると、津軽海峡がより重要ということになります。それが北海道の戦略的重要性ということの意味です。

埋められる戦略的真空

最後に、ロシアの中において、東シベリアの占める地位が上がってくるということを考えねばなりません。最近の東シベリアにおける人口の増加、産業の発展は著しいものがあり、第二十五回ソ連共産党大会のブレジネフ演説でも、東シベリアの開発を重視しています。

北方領土も日本からみればさいはての地ですが、ロシアにとっては、ロシアの中で最も気候のよいところとして観光産業も発達しているそうです。

人口と産業が増えてくると、その土地は、戦略的には、辺境の前進基地でもなく、また、単に軍事用語でいう、いわゆる防衛に縦深を与える緩衝地帯でもなく、それ自体が守るべき主体となります。それ自体の防衛（ファースト・ウィン・ディフェンス）となりますと、安全のうえにも安全をとるソ連の戦略思想からいうと、莫大な量の戦備と戦力を集中することになります。これは防衛的といっても、必要に応じては攻撃にも使えるのですから、近隣諸国にとっては怖るべき潜在的脅威の増大となります。

それは別に、昨日今日どうなったというものではありません。ピョートル大帝、あるいはそれ以前から、三百年のあいだに少しずつシベリアの戦略的真空が——独占的かつ排他的にロシアによって——埋められてきた結果です。

その間、歴史の変遷があって、当初意図した遼東半島と朝鮮半島を通じる大洋への出口は阻まれているかたちになっていますが、かわって日本の北方を経由して太平洋に進出する道の重要性はますます増大しています。

日本の北方をとりまく戦略環境はたしかに大きく変りました。長期的な問題として、日本の北方には新しい事態が出現しつつあるといえます。その事態は、十八世紀より十九世紀、戦前よりは戦後、二十年前より現在、現在より十年先と、確実に深刻さを加えていく性質のものでしょう。

第四章　アングロ・サクソンとスラヴの選択

アングロ・サクソン世界

幕末以来、現在に至るまでの日本外交の最大の課題は、極東における二つの力の実体であるアングロ・サクソンとロシアのあいだにあって、いかにして日本の安全と繁栄を確保していくかということにありました。

これについての私の持論はすでに『国家と情報』の中で詳しく述べたとおりですが、簡単に要約しますと、力の実体といえばアングロ・サクソンとロシアしかない、という極東の力の構造を見失いさえしなければ、情勢判断の大局を見誤ることはまずないということであり、これを見失わせるような陥し穴にはまってはいけないということです。

第一の陥し穴は、日本が極東における力の実体であるかのように錯覚することです。軍国主義時代の絶頂期でも、日本は米ソいずれかと一対一で戦って屈服させる力はありませんでした。二度にわたる欧州の大戦やアメリカの孤立主義やロシア革命などでこの現実が表面に見えないことがあっても、実体はいつも同じでした。日本がまったくの独力でこのいずれかと張り合い、またはその脅威から安全を守るということは不可能だということです。

次は、中国は十九世紀において近代化に立ち遅れて以来、極東の力の実体ではなくなっているということです。この現実を見失い、かつ、アジア主義などの理想主義（場合によっては大アジア主義という膨張主義）と一緒になると、権力政治（パワー・ポリティックス）上きわめて危険な弱者連合論に導くおそれがあるということです。

最後に、その時々のジャーナリスティックなキャッチ・フレーズに惑わされないことです。二極構造などというのは「冷戦的発想だ」とか、「世界はいまは多極化している」などといっても、アングロ・サクソンとロシアが極東の力の実体だというのは百年来のことで、世の中がデタント・ムードになったからといって、そう簡単に実体が変るというものでもありません。

なお、イギリスもアメリカも一緒にしてアングロ・サクソンというのは乱暴ではないか、という御批判は当然あると思います。米英といっても考え方はずいぶんちがいますし、二十世紀になってからでも利害が異ったことは多々あります。またいま、アメリカでアングロ・サクソンというとＷＡＳＰのことになって、社会学の問題とまちがえられるおそれもあります。

これだけわかっていて、あえて私がアングロ・サクソンと総称するのは、一つはそれが歴史的な用法だからです。今世紀の前半、パックス・アングロ・アメリカーナの中で、我々の先輩達が日本の運命を決する選択を行なってきた歴史の中での「英米」、という使い方をそのまま使っているわけです。

もう一つは私事にわたって恐縮ですが、戦後早々に英国に留学した体験から、英米というものは同根であり、かつ、我々が現在信奉しているデモクラシーというものは、米英仏いかにちがっているように見えても、結局はアングロ・サクソン的制度だということを確信しているからです。当時首相だったウインストン・チャーチルは、自ら『英語国民の歴史』という本を書いたりして英米一体論を唱えていました。当時英国人は、「我々はローマ帝国内のギリシャ人だ」とトインビー的なことを言っていましたが、この類比もまた的確なものといまでも思っています。

そしてまた、ドゴール時代のフランスに勤務して、ヨーロッパから見れば、アングロ・サクソンがいまでも一つの勢力だということは国際政治の実体だと学んだからでもあります。

アングロ・サクソンとロシアとの選択の問題に入る前に、本論の趣旨にしたがって、歴史と地理の問題を先に片づけておこうと思います。

英国は、極東における通商の面でもつねに他国に対して優越した地位を占めてきました。イギリスの東インド会社が日本から撤退したのも鎖国前のことで、「商売次第に利潤これ無き故」と言って、平戸の商館の保管を平戸藩に託して立ち去っただけで、旧教国のように追い払われたわけではありません。ただし一六七一年に通商を再開しようとすると、オランダが幕府に入知恵をして、当時の英国王チャールズ二世がポルトガルから妃をもらっているのを理由に拒否させます。もっとも英国はその持参金でボンベイをもらったり、アモイに進出したりしてオランダに対抗しているので、もっと大きいところで勘定は合っているわけです。いずれにしてもイギリスは清国という、日本とは較べものにならない大市場で優越的な地位を占めていたので、日本への関心は低く、中国貿易に付随的な貿易の可能性、あるいは代替寄港地としてしか関心がなかったようです。これは少し遅れて来るアメリカにとっても同じことで、中国貿易や捕鯨との関連で、日本の地理的位置からくる、寄港地、あるいは貯炭、薪水の補給基地等としての重要性が主だったようです。

領土についていえば、日本が南方海上にもっているフロンティアは琉球列島と小笠原群島しかありません。そしてまさにこの二群島が、アングロ・サクソン世界とのあいだの唯一の領土問題となります。ペリーは訪日の途次、沖縄、小笠原に立ち寄り、しきりに小笠原の併合と沖縄の保護領化を本国に進言しますが、米国大統領の容れるところとなりません。英国も、両島の所有にはつねに関心を示しています。やがて両群島は正式に日本の領土となり、第二次大戦においては、小笠原群島の硫黄島と沖縄が最大の激戦地となり、戦後米国の施政下に置かれますが、これが日本に返還されたのは我々の記憶に新しいところです。海洋を支配するアングロ・サクソン世界と日本との利益の衝突があるときは、この南方の諸島が戦略の要点となるのは地理的環境のしからしめるところですが、この二地域をあっさりと返還して、日米間に領土問題の係争を皆無にしてしまったことは、米国の外交にとってきわめて賢明なことであったというべきでしょう。

さて、英米両国の日本列島に関する利害関係はこのように主として通商と航海上の便宜ですから、日本が開港して通商条約を結んだあとしばらくは、日本としては軍事的政治的にはアングロ・サクソン世界をとくに意識する必要はなくなります。英国が時として関心をもつのは、ロシア軍艦の対馬居据り事件のときのようにロシアが進出してくる場合ですが、それも中国大陸における英国の権益に影響しそうな場合だけで、日本の北方、あるいは後には朝鮮半島に対するロシアの進出にさえ、積極的な反応を示そうとはしませんでした。

幕末の日露提携案

極東の力のバランスがアングロ・サクソンとロシアに二極化している、という認識は幕末の識者の中にもありました。

天保年間に渡辺崋山は『慎機論』等の著作の中で、いつまでも鎖国しているとロシアとイギリスが乱暴するおそれがあると述べ、「およそわが国に涎を流しているのはロシアとイギリスである。ロシアと日本とのあいだに事が生ずれば英国は黙っていず、英国と事があればそれはロシアの問題でもある」「英国は智謀ありて海戦に長じ、ロシアは仁政にして陸戦に長ず」と言っています。下って、ペリー、プチャーチンの来航後の安政年間、橋本左内は「英露は両雄ならび立たず」と判断し、「世界の牛耳をとるのはまず英国かロシアのどちらかであろうが、英国は剽悍貪欲、ロシアは沈鷙厳整（落ち着いて強力できびしい）、いずれはロシアに人望が集るだろう」と日露同盟論を主張しています。

智と仁などというのは漢文一流の対句で、さほど深い意味に解することもありませんが、英露が急に世界の両雄のようにいわれるのは、ナポレオン戦争の二大戦勝国になってからです。ナポレオン戦争におけるネルソンの剽悍な戦いぶり、英国によるフランス植民地奪取などを、モスコーにおけるクトゥーゾフの重厚な戦いぶり、戦後のウィーン会議などと較べてみると、崋山や左内の説も当時の世界的な通説としてかなり常識的な線なのでありましょう。

そもそも幕末の志士の活動が活潑になるのは、阿片戦争が最大の契機です。吉田松陰などが深刻な危機感に捉われたのは、いまに洋夷（イギリス）が手を伸ばしてくるが、そのとき日本はいまのままで大丈夫なのだろうかということです。したがって、最大の脅威は英国であり、それに対抗するものとしてロシアに期待するのもまた当然です。

これが中央政府の政策論にまで反映される時期があります。それはペリーが浦賀に来航し、来年また返事をもらいにくるぞと言って立ち去ったあとの最も危機的な一年間です。

ペリーの訪日を知ったロシアはプチャーチンの艦隊の日本派遣を決定しますが、半世紀前のレザノフの失敗にこりて、今度は日本の歴史、政治、風俗をよく勉強し、一行には日本学者・文化人も加えて万全の準備をします。そのうえプチャーチンは軍人というよりも外交官の資質のあった人で、ペリーが武力を背景に威圧的な態度に出たのに較べて（もっともそうしなければ使命に成功しなかったでしょうが）寄港地も長崎を選び、「おろしあ国の船」と平がなで大書した白い旗を掲げ、入港後も「滞船中も至って穏やかで慎みかたよろしく……非法の儀もこれ無く候」と長崎奉行が報告したような態度をとります。

ここで長崎奉行が、毎日ロシア人と接触している部下の話を聞いてまとめた意見書が幕府の政策にも重要な影響を及ぼすのですが、これによると「ロシアの軍艦がわざわざ日本に来たのは、アメリカが日本を押領する企みがあるのか、浦賀に押しかけ、返答ぶりによっては戦争をしようとしているのに対し、日本のために味方してアメリカを取り鎮め、日本とのあいだに億万年の信頼関係を結ぶためと思われる。しかし扱い方が悪いと反対におそるべき敵となる。ロシアの国は金銀銅はいくらでもあり、欲しいのは穀物だけなのだから、通商を許して、豊作のときだけ穀物を売ってやれば、平和的関係ができる」ということです。

ロシア側がどこまでこういうことを吹き込んだのかわかりませんが、それにしても驚くべきナイーヴさです。現にロシアはペリー訪日の計画を聞いて、プチャーチンとペリーが共同行動をとることを提案しましたが、アメリカから、ヨーロッパ列強とは共同行動をしない国是があるといって断わられて、それでは相互に友好関係を維持しながら行動しようということで来ているのですから、夷を以って夷を制しようなどという日本の希望などは夢想もいいところです。

しかし、一年後にアメリカに回答しなければならない幕府としては、これにとびつき、「おろしあをたのみ、あめりかを防がしむる案」が幕閣で主流の意見となるところまでいきますが、水戸斉昭は、ロシアが日本に好意を有するとは考えられないと断乎反対して、この日露提携案はおしまいになります。

水戸斉昭は単純な攘夷論から反対したのでしょうが、その判断の方が、むしろ長崎奉行の早呑込みの情報に基く判断より正しかったようです。ファンダメンタリスト（現実と妥協しようとしない原則論者）の使い道もたまにはあるということです。

ここでもう一つの教訓は、ロシアの外交というものは、最近では、力ばかりで策はないとか、パワーがあってもインフルエンスがないとかいいますが、物事のもっていき方、話の言いまわしなど、きわめて巧妙な伝統もあるということです。この点はむしろアメリカの方が単純、無策で、ざっくばらんということができます。

二極構造が見えてくるとき

開国後、日清戦争までのあいだ、日本は比較的平穏な国際環境の中に置かれます。南北戦争、普仏戦争などで列強が極東にかまうひまがないのが主な原因ですが、その結果日本も英露二大勢力を意識することが少なくてすみます。

そもそも、この二極構造論というのは、国際関係をギリギリまで押しつめて考えた場合に逢着（ほうちゃく）する現実です。したがって、この問題が深刻に意識され、真面目に議論されるのは、日本民族の安全がかかっているような重大な危局の場合です。また日本外交の基本的方針を決めねばならないときもそうです。外交方針は条約のかたちで対外コミットメントになりますが、条約というのは、法律と同じで、日常の常識ではあまり起らないような極端なギリギリのケースまで考え抜いたうえでつくるものだからです。

歴史をふり返って、日本が二極構造というところまで意識しなければならないような状態に置かれたのは、阿片戦争後英国の侵略が日本にまで及ぶという危機感のあったとき、ロシアとの対決が不可避となって日英同盟を結んだとき、朝鮮戦争が起り冷戦の真只中で安保条約を結んだとき、そして最近のソ連の軍備拡張で米ソの軍事バランスが微妙となり、先進民主陣営の危機がいわれているときなどです。国際情勢の基本構造が変ったというのではなく、情勢のいちばん基礎になっていてふだん見えないものが、危機の時期には表面に見えてくるわけです。

といって、国際関係は経済、文化等、複雑多岐を極めるものであって、何もかも二極構造を中心に動いているわけでもありません。現在の外交でも当面の問題は日米経済摩擦とかエネルギー問題などで、むしろ対立しているのは日米のあいだだとか、米ソいずれの力でも抑えられないOPECの力が問題だとかいう議論もありえます。もっとも、一度アフガン事件でも起ると、もういざとなると頼りになるのは米ドルだけだということで、いままで弱かった米ドルが昂騰したりします。

このあたりの考え方のバランスをどうするのか、難しいところです。聞き覚えなので不正確かもしれませんが、十九世紀ロシアの勢力がアフガン北境に迫り、インドが脅かされていると軍当局が頻りに訴えるのに対して、時の英首相ソールズベリー卿が、「牧師に言わせれば罪を犯していない者はなく、医者に言わせればばい菌のついていないものはない。軍人に言わせれば国家一日たりとも安全を脅かされていない時はないのだが……」と言って、物事は常識で判断しようではないか、と言ったという話があります。たしかに牧師に言わせれば最後の審判の日は近づきつつあるのだから、一日もふらふらしている余裕はないはずですが、四六時中皆でそういうことばかり言っていたのでは、日常の社会生活にも不便が生じましょう。

私も米ソの二極構造とか防衛の必要などばかり言っていると、同じそしりは免れ難いとは思いますが、あえて言わせていただければ、一つは防衛の問題というのはもともと一朝有事のことであって、たとえ百年間戦争がなくても、自衛官が毎日訓練にはげみ、防衛関係者が万一の場合の戦略を考えるのは社会の機能分担として当然であり、また防衛体制というものは一朝一夕でできるものではないので、ふだんから充分な長期的戦略に基いて態勢を整えておくために国民の理解を得る努力をするのは必要なことと思います。

人間がいつかは生死(しょうじ)のことを考えねばならないように、国家も、ふだんは日常の事務にかまけていても、最終ギリギリのところまで考えた基本的な判断はいつも見失わないようにしている要がありましょう。それが戦略的な思考というものだと言えます。

最終的な対決などはほぼ遠い国際情勢の中で、日本が日常の政策に専念して、国益を伸長し国民の利益を最大限にすることは大事なことです。しかし、極東の力の実体は窮極的にはアングロ・サクソンとロシアだという判断を見失ってしまうと、目先の国益だけでどんどん満州や中国本土に入っていってしまったり、日独伊三国同盟を結んでしまったり、また最近では日中正常化ができると、もう安保条約の軍事的重要性が低くなったというような議論が横行したりします。この三つの例の誤りはすべて基本的な情勢認識の誤りと、戦略的発想の欠如に起因します。

親英論 対 親露論

さてすでに述べたように、日清戦争の結果、日本は三千年来優越していた中国の力を破壊し、朝鮮半島をバッファーとしないで自ら進出し、極東の伝統的均衡を自分の手で崩壊させ、三国干渉に遇って、国際政治のパワー・ポリティックスの深淵を覗くことになります。

三国干渉があると誰でも真先に考えつくのは英、米の援けを借りることです。阿片戦争後の英帝国主義の脅威の下ではロシアの力が頼りにならないかと考え、ロシアの脅威の下では英国の力を考える――これが自然な反応です。こういう危機的な時期には、誰もが窮極的な力の実体はどこにあるかをよく知っているわけです。

ここで陸奥宗光は「英国人はドン・キホーテに非ず」として日本の国力の現状は英国との

同盟の担保に価せず、日英同盟は夢想であると論じています。

私はこの陸奥の判断もまた正しいと思います。戦艦といえば日清戦争でぶんどったばかりのボロボロの七千トンの「鎮遠」しかない日本と組んで、極東に一万何千トン級の戦艦を何隻も派遣しうるロシアと対抗するくらいなら、英国としては足手まといなしで、自力でロシアをどう扱うかを考えた方がましです。この英国がわずか数年後には、日英同盟のアイディアにのってくる理由は、政治的にはロシアの満州進出が中国本土における英国の権益を脅かす可能性が出てきたからですが、その背景として日本の海軍力の充実があります。

この問題については、角田順先生の『満州問題と国防方針』という名著がありますので、適宜引用させていただきます。さきに日清戦争直前、官吏の給料一割返納で建艦を続けた結果である「富士」と「八島」（それぞれ一万二千トン）が、戦争の翌年就役します。その後は臥薪嘗胆（がしんしょうたん）の時代で、戦時予算である明治二十八年の海軍費千三百万円が、戦争が終ったあとの二十九年には三千八百万円、三十年には七千六百万円となり、明治三十一年には「敷島」、三十二年には「朝日」「初瀬」、三十三年には「三笠」と、一万五千トン級の戦艦が相次いで就役します。

英国はどうかというと、一九〇一年（明治三十四年）のセルボーン海相の覚書によると、当時で英国の戦艦四十五隻、露仏合計四十三隻、五年後には五十三ずつの同数という見込みで、世界中の海軍が束になってかかってきてもよいという時代はもう過ぎた、とのことです。英国が、「名誉の孤立」から日英同盟にふみ切った背後にはこのような海軍バランスがあります。

極東にはロシア新造の戦艦、巡洋艦を優先的に回航させ、一九〇一年に一挙に二隻増派したときは英国は地中海からやっと一隻送りますが、それ以上の余裕がなく、極東のバランスは、戦艦で英四、露五、仏一、装甲巡洋艦で英二、露六、仏一、と劣勢になります。ここで戦艦六、装甲巡洋艦四を有する日本がどっちにつくかが重大な意味をもってきます。

日英条約案は、英国の閣議では難航しますが、この際ビーチ蔵相はランズダウン外相に対して、「この条約から何らかの利益が得られるとすれば、それは日本の海軍であり、英国海軍の負担を軽減するということだ」と書き送っています。

日露戦争直前の情勢判断でも、セルボーン海相は、「ロシア海軍が勝つと、極東の海軍バランスは英国にとって不利になり、海軍費の増大を意味する」と懸念します。これに対してバルフォア首相は、「ロシアが勝っても艦隊は消耗するだろうし、日本と睨(にら)み合いを続けるからヨーロッパの戦略には使えないだろう」と冷静な判断をしていますが、ともに日本海軍の戦力に期待している点では同じです。

図は米ソの艦艇のトン数の推移を示したものですが、こうなってくると極東のバランスで

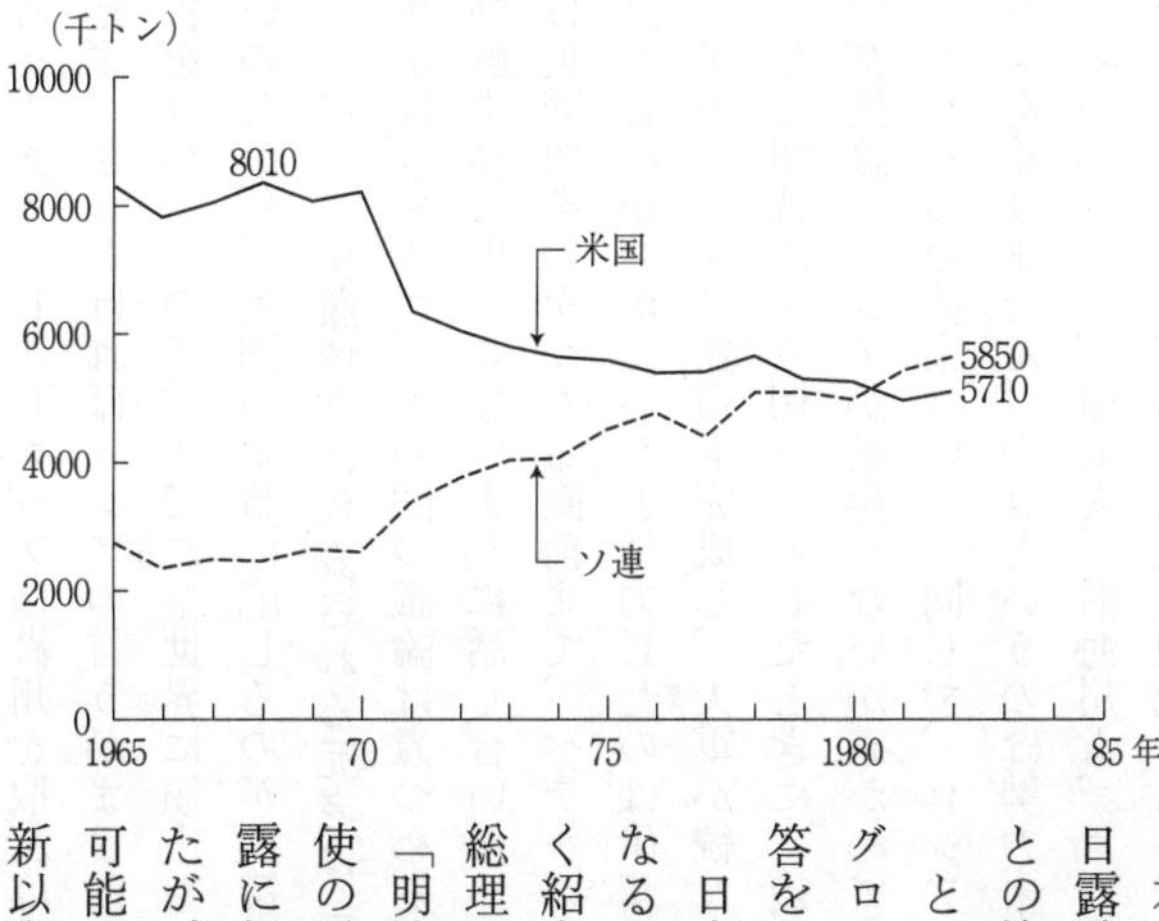

日本の船もアテにしなければならなくなる点では、日露戦争前夜とよく似ています。日本としても米国との協力がますます必要となる点も同じです。

ところで日本側としては、ここで幕末以来のアングロ・サクソンとロシアの選択の問題に最終的な解答を出すということです。

日本が最終的に日英同盟にふみ切る理論的根拠となる小村意見書については、『国家と情報』で詳しく紹介したので、ここではそれと同工異曲である桂総理の考えを引用します。

「明治三十四年六月に総理を拝命し、七月に在英大使の電信で日英同盟の話を聞いた。……日清戦後、露に親しむの論と英に近づくの論とがいろいろあったが、親露論はロシアに敵対することはとうてい不可能だということによる一時的平和論であって、維新以来の苦しい経験を考えればまんざら無理でもない考えである。しかしロシアは満州を取れば韓国にも手を出し、いずれは日本と衝突せざるをえず、さもなければロシアの言うがままに屈従するしかない。英国は損得勘定で日本との親善をはかるもので、すでに全世界に領土をもち、日本と戦ってまで日本の領土を取る気はないのだから、英国の要請に応じるのが得策であろう」という趣旨です。

この後も、伊藤博文に代表される元老は「親露」、桂、小村、外務省の幹部は「親英」で論争が続きますが、その間の議論は煮つめるとただ一点です。つまり、ロシアが満州で止って朝鮮半島に出てこないように話し合いがつく可能性があるかどうかです。

日英同盟条約をつくる直前まで、ペテルスブルグを訪問して何とかその線で日露のあいだに話し合いがつかないかと努力したのは伊藤博文でした。また、日英同盟ができたあとで、ロシアのシベリア鉄道も完成し、大軍が続々と満州に送り込まれ、日本がもはやこれまでと観念して開戦にふみ切ろうとしたときに、最後に待ったをかけたのは山県有朋で、もう一度満韓交換論でロシアが納得しないか確かめてからにしたい、というのがその論拠です。

しかし交渉の結果はいつも同じで、ロシアは、満州は俺のもの、韓国は日露間で中立、という線を譲りません。中立というのは勢力未確定ということで、そうなれば結局は力の強い者が勝つわけです。樺太も、沿海州も、ロシアは日本や中国より後から入ってきて既成事実をつくったうえで、勢力未確定地域であることを日本と中国に合意させますが、やがてロシアのものになってしまいます。前章で述べたように、ウイッテは遼東半島よりはむしろ朝鮮半島を取るつもりだったのですから、この点、元老の判断は「幻想」で小村等の判断の方が正しかったわけです。

伊藤、山県も、ロシアが満州までで止ることに確信があったわけでもなく、アングロ・サクソンの方が信頼できる点に反対だったわけでもないのですが、日英同盟をつくって日露対決のかたちをつくってしまって、ポイント・オブ・ノー・リターンにする前に何とかならないか、というのがその本音でした。これに対して、小村はむしろ先の見通しをつけて、話をスッキリさせるために、日本独りでロシアの満州派兵に抗議をしたりして、意図的に対決のかたちにもっていこうという傾向さえありました。

ちなみに、六〇年安保改定のときに、外務省先輩の中で独り安保反対の論陣を張られたのは西春彦元駐英大使でしたが、西大使の論拠も、安保改定は日ソ関係をポイント・オブ・ノー・リターンにもっていってしまうということでした。日独伊防共協定、三国同盟が日ソ関係に及ぼした影響についての御自身の経験を考えられてのことです。これに対する最も基本的な反論は、ソ連は、刺戟しようとしまいと、力関係が有利になれば必ずどんどん出てくるのだから、アメリカと組んでソ連が出てこられない力関係をつくるほかはないんじゃないですか、ということです。

結局は今も昔も同じことで、ロシアの脅威をどう考えるかが近代における日本の戦略の基本です。ロシアが韓国を中立地帯と言った以上、あくまでも中立を尊重し、韓国内部でどんなゴタゴタがあっても、あるいはロシア人に危害が及ぶようなことがあっても、その機会を捉えてロシアの勢力を拡張しようとしたりしない、また日本へも力を恃んで無理難題を言うことはない、これだけのことについてしっかりした保障があれば、アングロ・サクソンとの同盟などは要らない道理ですが、伊藤博文はじめとして、誰もそうなるとは信じていないので、日露戦争を前にして、英国を後楯にロシアと戦うほかはないというコンセンサスができたわけです。

私は日本の戦略論を考える場合、ソ連の脅威のヨミはいかに緻密に詳細にやってもやりすぎることはないと思います。昔ならば政府部内の仕事ですが、民主主義の世の中では、国会や言論界における討論を通じることになりましょう。ソ連に対する外交的考慮上、それを言うことがよいことか悪いことか、どこまで言うかは、外務省の役人にまかせていただければよい外交技術的な話であって、国民レベルでは、タブーに捉われず真実を探求する議論が行なわれるべきだと思います。そうでなしに、「あまり言うのはよくないことだ」とか、「事実はそうかもしれないが我々は肌では感じていない」などといって、真実を直視する努力を怠っていると、将来いつ重大な政策決定のときに錯誤を犯すおそれがあるかわからないからです。

日英同盟の意義

こうやって日本はロシアの脅威の性質を正確に認識し、日英同盟を結び、日露戦争にふみ切って、これに勝ちます。この戦争での日本軍の強さ、とくに日本海海戦で示された日本海軍の精強さは、世界の驚異となります。おそらくは日本人自身も、こんなに戦争に強いと自分で思わなかったほどの見事な戦いぶりでした。

しかしこのことが、かえってその後の日本国民に、日清日露の戦争で明治の先輩達が心血を注いだ戦略的発想を忘れさせ、白村江以来の戦闘能力偏重思想に戻らせてしまうことになりますが、この点は次章でさらに詳しくふれるとして、ここで指摘しておきたいことは、これだけの戦闘能力があっても日英同盟なしでは、戦争に勝てたかどうか疑わしかったということです。これも戦略的発想と密接に関係することですが、戦争というものは、もとより個々の戦闘員の能力、勇気だけで勝てるものではありません。まずは、武器、弾薬、糧食が要り、それに先立つものであるお金が要ります。日露戦争は、国民の税負担はもう限界を超え、英、米における外債の調達なしでは戦えなかった戦争ですが、英国との同盟は当時の世界では他に得られない高い対外信用を日本に与えています。そのことも小村意見書の中で日英同盟のプラスとして、割ちゃんと計算に入っています。そうやって外債を調達したうえでもポーツマス条約の直前に、戦争継続の可否が問われたときに、曾禰蔵相や、松方、井上などの財政の元老は、もうこれ以上軍事費の出しようがないと断言しています。つまり、アングロ・サクソンの財政的後楯なしでは、はじめからお金がなくて、戦争にならない戦争だったといえます。

その次には、その苦心して集めたお金で武器を調達するにあたっても英国の世話になっています。英国で建造中のチリ戦艦二隻をロシアが買おうとし、日本がモタモタしていると見ると、英国は即金で自国用に買ってしまいます。またイタリアで建造中の巡洋戦艦二隻については、英国はいち早く日本に情報を提供して、ロシアより一足早く日本に買わせます。英国の介入がなければ、ロシアは開戦時、戦艦と巡洋艦で、日本より差し引き六隻多かったはずです。これだけでも決定的といえるくらいの差で、日本海海戦の大勝利もありえなかったでしょう。現にこの二隻の巡洋戦艦「日進」と「春日」は、日露戦争を通じて大活躍します。また日露開戦の日取りそのものも「日進」「春日」の回航を待ったという説もあり、その回航の途次、開戦するが早いか沈めてやろうとしてロシア艦隊が追尾してくるのを、英国の軍艦が英国人乗組員保護を口実に、あいだに割って入って護送してくれたという話があります(『大海軍を想う』伊藤正徳)。

その他にも有形無形のいろいろの援助はあるのですが、何といっても、七つの海に日の沈むところなく、世界中の情報を一手に握っていた英国から、国際情勢の動きを刻々教えてもらう立場にいたことは、大変なことでした。すでに述べた財政とともに、日本の戦略のいちばん弱いところを補ってくれたかたちになります。

一般的にいって、日英同盟の期間中とか、戦後の日米安保体制下の日本とか、アングロ・サクソンと同盟しているあいだの日本があまり素頓狂なまちがいを犯さないのは、アングロ・サクソン世界のもっている情報がよく入ってくるからだと思っています。いったんこれが切れて三〇年代の日本のようになると、もう世界の情勢がどうなっているか常識的な判断を失って、八紘一宇（はっこういちう）だとか、わけのわからないことを口走るようになります。

情報というものは一度常識の線を失うと、どこまで堕ちていくかわからないものです。「ユダヤ人が結託して世界を征服しようとしている」などと耳もとで囁（ささや）かれると、これは重大な情報だ、と飛び上がったりします。こんなことは世界中の良質の情報にいつも接する環境にあれば、自らその、玉石、軽重の程度はわかるものです。

最近でも、「ソ連が北方領土などに出てくるのは、日本の防衛費を増加させて日本の輸出競争力を落そうという米ソ結託の陰謀だ」などという情報を真顔で言ってくる人がいましたが、こういう情報を笑いとばせるのは皆が情勢判断の常識をもっているからで、孤立時代の日本ならばこんな情報でも閣僚レベルまで伝わっているかもしれません。普通の交友関係でも、学校や職場の中でいちばんエリートのグループ、何でも知っているグループに入っていれば、的はずれの勉強をしたり、怪しい情報にふりまわされたりすることはない、というのと同じ単純な話です。

第五章　日露戦争からの四十年

日露戦争の終り方

こうして日本は、日露戦争の結果、幕末、維新以来の日本の安全保障の問題を全部解決します。阿片戦争以来アジアの脅威であり、かつ当時世界の最強国であるイギリスは、日本の確固たる同盟国であり、それだけでも日本の安全は磐石（ばんじゃく）です。すでに、バルチック艦隊の撃滅の前に、イギリスは、日本が予想外によく戦っているのを見て、同盟国としての価値を再評価し、かたがた、日本がロシアとの妥協に政策転換して日露にアジアで共同戦線をはられてはかなわないという判断もあったようで、日英同盟を、どちらか一国が攻撃されれば他方もすぐに参戦して、一緒に戦争をして講和も双方合意のうえに行なうという本当の攻守同盟に改訂することを提案して、日本はこれを受けます。これだけでも、当時の世界で日本に挑戦できる国はありえないはずです。

そのうえに、朝鮮半島からは日本の安全を脅かすような勢力は完全に排除され、韓国併合によってその状態は確定します。清国はすでに日清戦争以来力の実体でなく、ロシアの極東における海軍力は完全に勦滅（そうめつ）され、将来の報復、再戦の可能性は残されているものの、日英同盟がこれに対する保障となっています。

これだけ何もかもうまくいってしまうと、かえって、その後の国家戦略をどうしてよいかわからなくなるものです。日清、日露のような場合は話は簡単です。清国が「定遠」「鎮遠」を買って日本の安全が危いとなれば、それこそ「借金をかたにしてでも」建艦費を捻出して軍備を増強すればよいのですし、清国に勝ったあとロシアが出てくれば、臥薪嘗胆ということで、また軍備を増強したうえで、日英同盟の後楯をつくって抵抗するだけの話です。こういうときは、何が必要かは、国民にも、政府にも、誰の眼にも見えているのですから、コンセンサスづくりの必要もなく国家として全精力を投入することが可能です。

「勝敗は六分か七分勝てばよい。八分の勝利はすでに危険であり、九分十分の勝利は大敗を招く下地になる」というのは、『甲陽軍鑑』の中の信玄の言葉ですが、まさにその後の日本帝国の運命を暗示して妙です。事実、この時期から第二次大戦まで近代日本が直面する国際政治、安全保障、防衛の諸問題のもとは、ほとんど全部、日露戦争前後の時期に出そろっています。

まず、そもそも日露戦争の評価そのものから、その後のわが国の戦略思想の問題点が生まれてきます。日露戦争の終り方については、すでに客観的な歴史の解釈は確定していますが、それが必ずしも一般の常識とはなっていないので簡単に紹介します。

奉天の会戦で日本は勝ってロシアは後退しますが、会戦後余力を残したのはむしろロシアの方で、日本は軍事力、財力がすでに限界まできて、とくに将校の損耗がはなはだしく、もうこれ以上前に進めない状態になります。もちろんロシアの後退ははじめから計画的だったわけではなく、奉天会戦に勝てればそれに越したことはなかったのでしょうが、日本軍が予想以上に勇戦したので、勢いあたるべからずということで後退しました。しかし、もともとロシア軍の基本的戦略は、後退しながらでも敵の主力の損耗をはかり、敵を完全に圧倒できる兵力の集中と態勢の完備を待って攻勢に転ずるということですから、一度や二度の負けは、予定の作戦のうちといえます。事実その間ロシア軍は、いままで日本の相手をしていた極東の地方軍とは装備、訓練ともに格段にちがうヨーロッパ正面の精兵を続々とシベリア鉄道で送り込み、数的質的に圧倒的な優勢を確保し、リュネヴィッチ将軍がいまや総攻撃の準備なったと報告したところに、ポーツマスでは講和が成立します。それには、ロシアの国内に革命騒ぎが起り、少数民族の民族主義運動も不穏な兆しを見せているので、このあたりで戦争をやめた方が賢明だというウィッテの判断が大きくはたらいています。

こうして見ると、日露戦争で、日本軍は個々の戦闘では驚くべき戦闘能力を発揮しますが、最終的に戦争に勝ったのは、アメリカが国内の厭戦気分でベトナムから手を引いた結果の北ベトナムの勝利のような勝ち方です。もちろん個々の戦闘で勇戦したからこそこの結果が得られたので、その功績は認めるのに吝(やぶさ)かでありません。とくに日本海海戦の完勝が、いよいよこれから日本軍をやっつけようとしていたロシア陸軍の出鼻をくじいて、和平を促進させたことは歴史的事実のようです。

戦略は一部の人間が知ればよいのか

しかしそれがあまり見事に成功したために、その後の日本の戦略思想の中に、戦闘能力偏重の考え方を残したことは否めません。明治四十年の「帝国国防方針」は、「軍部によって起案され、しかも攻勢作戦による速戦即決主義という武力中心主義を採用した」こと、大正三年以降陸軍が用兵思想の統一を図るためにつくった統帥綱領が、独り歩きをして、「野戦軍レベルの考え方が高等統帥に参与する軍人の頭を拘束して、これを相似的に拡大したものが、あたかも軍事戦略であるかの如き錯覚を与えてしまった」(「クラウゼウィッツと近代日本」浅野祐吾）という指摘のとおりです。

島貫重節氏の『戦略日露戦争』に、今村大将の言葉があります。同大将は、敗戦後自ら志願して、戦犯となった部下とともにマヌス島の監獄に服役し、帰朝後も一坪の小屋で起居して戦争責任を自らに課された方の由ですが、「実は俺も齢八十にして初めて覚ったことであるが……日露戦争であれだけの偉業を打ち立てたわが国がわずか四十年で惨敗を喫したことは……自ら内蔵する致命的欠陥のためではなかったか。そのためには日露戦争の真相そのものの調査からその根本を洗い出して見る必要がある……」と語られた由です。

そして島貫氏は、日露戦争で、日本がいかに情報と戦略を重視して、これに最良の人材を投入したかを手に入るだけの資料を蒐めて紹介されたあとで、終戦時、戦争継続のための反乱に断乎応じず、部下のために射殺された、最後の近衛師団長森中将が敗戦間近の防空壕の中で島貫氏に語った言葉を次のように引用しています。「日露戦争そのものが、いかなる世界戦略の下で戦われ、その結果が勝ったかどうかも分かっていない日本が、その後どうするかと考えもしなければ、考える方法もなかったのが実態だった。……何故に陸軍は情報を軽視するようになったか。それは戦略を無視したからである。何故に戦略を無視するようになったか。それは……戦略は極秘として記録されない習慣があり、そのために完全な戦略白痴状態となっていたのに気付かなかったためである」。

明治以来日本が培ってきた愛国主義の功罪はしばらくおくとして、国家、民族のためだけに一生を捧げる覚悟の多くの人材を育ててきたことは事実です。人格識見ともに当時の日本の最高水準の一部をなしていたそういう人々が、自分達のしてきたことが崩れ落ちていくのを眼のあたりにして、後世の人に遺そうとした血を吐くような反省の言葉は、今後我々が国家戦略を考えるにあたっては民族の貴重な財産というべきでしょう。

たしかに戦略というのは裏の裏まで考えるものなので人に知られては困ることもあります。中ソ論争で、中国が、ソ連に対して、（敵を油断させるため）平和共存を戦術として採用するならよいが、政策の総路線として採用するのは誤りだがどうか、などと問いつめていますが、そんなことを大っぴらに言ったのでは敵を油断させる効果も何もなくなってしまいます。といってレーニンの理論からいえば中国の方が正しいので、ソ連が困ってしまった例もあります。他方、中国にいわせれば、ソ連や中国の国民が平和共存を言葉どおり信じ込んでしまって「戦略的白痴」になってしまったらなお困るということでしょう。

指導者層だけは戦略がよくわかって、それ以外は敵も味方も欺せるというような武田信玄のような時代ならともかく、デモクラシーの社会では、皆が戦略的白痴になるか、誰でもが戦略を知っているかのどちらかの選択しかないわけですから、後者しかないでしょう。現にアメリカでは何もかもあけっぴろげで、アメリカの戦略は、ソ連の人でもアメリカの雑誌を読めばわかるようになっています。だからこそ、アメリカでは軍人レベルでも戦略がわかるようになっているわけです。

決戦思想の過誤

日露戦争が日本の戦略思想に与えたもう一つの影響は、戦争がいちばんうまくいっているときに講和が可能だ、という考え方を植えつけたことです。

太平洋戦争はいまになって思えば、どの時点をとってみても最終的には勝ち目のない戦争でしたが、その間日本が望みをつないだのは、どこかの場所で大決戦を求めて日本海海戦のような大勝利をおさめて、そこで有利な講和を結ぶということでした。サイパン攻防戦をマリアナ決戦と呼び、その後レイテ決戦、沖縄決戦と呼んだのはそういう考え方です。そしてその間、陸軍は一度も決戦の機会を与えられていないので本土決戦を呼号することになります。

これは戦略としての意味をなしていませんでした。個々の「決戦」でも日本は敵の優勢にさんざんにやられて、それ自体情報を無視して無理に決戦を求めたというそしりは免れないのですが、米側はその一つや二つに負けても、また新たに軍艦と飛行機をつくって攻めてくればよいのですから、最後の勝利のスケジュールが遅れるだけの話です。

米国の厭戦気分に期待するのなら、はじめから真珠湾攻撃のようなことをやっては問題外です。真珠湾にまで追いつめられる経緯では日本側にも言い分はあっても、あれだけ明々白々に先に手を出したのでは、どんなアメリカ人の眼にも「日本が悪い」ということが明らかなしくみになっていて、米国内のコンセンサスが崩れようがありません。

チャーチルの回顧録によれば、ルーズヴェルトが無条件降伏を主張するのに対して、チャーチルはそれでは犠牲が大きすぎるから、日本の軍の名誉を重んじた解決をしたらどうかと言いますが、それに対して、ルーズヴェルトは、「真珠湾を攻撃した以上(だまし討ちをした以上)日本には失うべき名誉は残されていない」と答えたとあります。もう一つ蛇足を加えると、スターリンは、「無条件降伏などとはじめから言わずに、降伏させさえすれば、あとは思うとおりできるではないか」と言った由です。三人三様で、信長と秀吉と家康のほととぎすの話のようです。

日清戦争のときは、本当の仕掛人は日本ですが、清国が先に手を出したようにさせようと陸奥がいかに腐心したかを思い、また、日露戦争の前の日本の態度は米国公使をして、「日本が偉大な節度と忍耐とを行使してきたことは当地の公平な観察者全員の見解である」と本国に報告させていることを思うと、その無神経さは隔世の感があります。真珠湾攻撃作戦の決定にあたっての考慮は、まず海軍のバランスを改善しておく要があるという純軍事的なものでした。

私が外務省に入ったときに外交英語を教えて下さった三浦公使（のちの大使）の話では、日露戦争の前にお傭い外人が、ロシアとの交渉の文書を起案するにあたって、「戦争をしない気ならば恫喝的、する腹があるならば筋を通して折り目正しくすべきだ」と考えて、ひそかに日本政府の腹を読んだうえで後者を選んだので、開戦後外交文書が公表されたときに、国際世論の同情が日本に集ったそうです。戦略というものはかくあるべきものでしょう。

あそこまで追いつめられてから、考えられる最も現実的な戦略は、まず蘭領と英領だけを攻撃して石油を抑え、当面困らない態勢をつくることだったでしょう。チャーチルの回顧録によれば、ヒットラーはマレーと蘭印だけを攻撃すれば米国は動かないだろうと言ったのに日本はそれを無視したとあります。日本でもこの話はなかったわけではないようですが、英米は一体だろう、ということで取り上げられていません。チャーチルは、英蘭だけが攻撃された場合、米国が介入する場合としない場合の両方を考えて、しない場合は英帝国を守る方法がないと、豪州、ニュージーランドの安全まで本当に心配する一方、米国が介入すれば、「すべてが解決する」と言っています。その「すべての解決」を日本自身がつけたのだから、チャーチルにとって、世話は要らなかったわけです。

日本としてできたことは、英蘭だけを攻撃して、これは石油を確保するための自衛行動で米国とは戦争する意思が皆無なことをくり返し表明し、また占領地域の米人の身辺財産の保護には万全を期してそれを米国内に宣伝で売り込み、そのうえで米国が無理をして参戦してきても、それが明らかに難癖であることが米国民にわかるようなかたちで開戦させ、戦争中も、日露戦争のときのように、ことさらに米国人の捕虜を優遇してみせ、その間米軍を迎え撃って、海では日本海海戦か真珠湾のような勝利をおさめ、陸では硫黄島のような勇戦を示せば、それが米国内で厭戦気分を起させ、相互の妥協による講和をつくる唯一のチャンスだったでしょう。そういう合理的戦略の下にこそ、世界の最高水準のわが国軍隊の戦闘能力が国の利益のために本当に生かされ、何十万という生霊の犠牲も無駄にならないわけです。

　これはまさに、日露戦争で明治の人がしたことなのに、太平洋戦争では誰も考え及んでいません。捕虜の待遇にしても、リデル・ハートの戦略論は「騎士道的であることは、敵の抗戦意思を弱めさせる最も効果的な武器である」と言っています。明治の武士道精神の廃退というよりは、軍略を忘れたのでしょう。日清、日露を切り抜けた明治の人の真剣さがいつのまにかなくなってしまって、自らの戦闘能力だけを恃みにして、やってみればどうにかなるかもしれないという白村江以来の初心さに戻ってしまっています。

　しかし、こういう戦略が唯一の可能性だったとしても、それが成功するチャンスも大きくはありませんでした。米国の世論はもともとその前からの中国大陸における日本のやり方は悪いと思っているのですし、米国が参戦する場合はドイツと一緒にしてファシズム撲滅ということでしょうから、結局は敗戦は時間の問題だったでしょう。枢軸同盟を結んだという戦略的誤りが、ここにひびいてくるわけです。まあ、降伏に若干の条件をつけえたかどうか、という程度のことだったでしょう。

満州国建設まででやめていたらという議論はよく聞きます。石原莞爾の戦略論は、戦前の戦略論の中では出色のものですが、「神がかり」と言われながら現実的なものをもっているのは、満州で止るべきだという考えが、その骨子になっているからです。しかしそれもダメでしょう。おそらくは、第二次大戦後、米国の圧力を受けたうえに、民族解放の波に洗われてゲリラも猖獗（しょうけつ）をきわめて、結局は手放すというかたちをとるのでしょうが、その裏にある国際関係の背景として、アメリカとソ連と中国が反対して、しかも、一度も正式に認めていないことを日本独りでいくら頑張っても、所詮は時間の問題です。満州における日本の立場はアルジェリアにおけるフランス、インドにおけるイギリスよりもはるかに悪くて、救いようがありません。そこで米・中・ソを相手に見通しのない戦争をするか、ポルトガルの植民帝国解体のときのように、日本の社会に革命的変革が起るか、いずれは第二次大戦と似たような結果になっていたでしょう。

つまり、どうしてもダメだったわけです。戦略がよければ、戦術的なまちがいはやり直せばとり返しがつきますが、戦略が悪い場合は戦術でカヴァーできません。すべての戦術が成功するかぎり——こういうことは相手のあるゲームではありえないことですが——戦略の誤りの露呈が遅れるだけのことです。客観的な戦力比からいって、ミッドウェイでは日本が充分勝つチャンスがあったのですが、ミッドウェイの海戦で勝っても、結局は敗戦を半年か、一年遅らせただけでしょう。米・中・ソを全部敵にまわすという戦略的誤りを犯している以上、いかなる戦術的な勝利も救いようがありません。

維新の元勲達と明治第二世代

いったいどこから、日本の国家戦略が狂ってきたのでしょうか。満州事変のときすでに遅すぎたとすればどこからでしょうか。

別の言い方をすれば、日本はいつアングロ・サクソン路線から離れてしまったかということです。何度も指摘するように、日本はアングロ・サクソンと仲よくしているときはうまくいき、そうでないときは失敗しています。力の関係だけから考えても、アングロ・サクソンは過去四百年間大きな戦争には全部勝っているわけですから、勝った方についていれば得で、負けた方につけば損、これは誰にもわかる話です。

戦後四十年間、日本は何のかのと言いながら何とかうまくやってきました。戦後日本の民主主義は試行錯誤も多く、また必ずしも強力な指導力に恵まれたわけでもなく、「あのときああやっておけば」ということもいくつかはありましたが、少しくらいの失敗は何とかとり返しています。

これはサンフランシスコ講和条約、日米安保条約という国家戦略が基本的によかったからです。戦略さえよければ戦術の失敗はどうにかなります。もし、日米安保体制という基本戦略を離れていたら、日本は内政外交上一波瀾も二波瀾も経験して、もし何とかなっているとしても危い綱渡りをくり返していたでしょう。

さて日本がアングロ・サクソン路線を離れたのは、形式的には一九二一年に日英同盟が廃棄されたときです。実は日本は同盟を続けたかったのですが、アメリカやカナダなどの反対のために、英国が同盟を続けられなくなったからです。そして、どうしてそうなったかといえば、国際政治の中におけるアメリカの比重が大きくなり、英国がパートナーとしてアメリカの力と意見を尊重せずには世界政策を遂行できなくなってきたからであり、そういう国際情勢の大きな流れの中で、日本がアメリカとの衝突路線を歩いていったことにあります。そして、どこから日本がアメリカとの衝突路線を歩きはじめたかといえば、それは日露戦争後の満州処理問題からだといえます。

既述のように小村外交は日露戦争前にロシアの意図を的確に読み、アングロ・サクソン協調路線をとり、これは判断として正しく、また結果論としても百パーセントの成功をおさめます。ところが小村はこのあとで、将来のアングロ・サクソン協調路線を覆す伏線となる重大な行動をします。

戦争の結果、東清鉄道の南半が日本のものとなりますが、米国の鉄道王ハリマンは、米国資本を参加させて日米共同経営を申し入れます。伊藤博文の盟友、元老井上馨はすぐこれにとびつき、桂総理をこれに同意させます。

井上の考えは、今後日本にとって最大の課題になると予想されるロシアの復仇と中国の国権回復運動に対抗するには、満州に米国と中国の両方の資本を入れて、緩衝地帯をつくろうということです。実に極東の力関係の将来を見通した卓見と思います。もしこれが実現していればその後の日本外交はよほど変ったものになり、おそらく日本は現在の先進民主主義国の水準にもっと早く、しかも戦争の悲惨をへずに到達していたかもしれません。

ところが外務省幹部は、「何という弱腰だ」ということで横浜に着いたばかりの小村に訴え、小村も憤然として、これを取り消させる工作を行ない成功します。

翌年訪米した高橋是清に対してハリマンは、「日本は十年後に後悔することがあるだろう」と語った由ですが、その後辛亥革命、ロシア革命と大陸に混乱が続き、十年たっても二十年たってもハリマンの予言は当らず、大日本帝国は拡張と繁栄の道を歩み、小村外交の方が正しかったといえる時期が続きますが、最後に米・中・ソを敵として敗れハリマンの予言が適中します。

小村という人には虚像があります。国家のために恥をしのんで北樺太と償金を放棄し、黙々と国民の非難に堪えたという虚像です。事実はこれに反して、もう戦争は続けられないと言ったのは山県有朋や大山巌などの軍関係者で、小村は、もう一度ロシア軍に打撃を与えろと言っています。また、伊藤、西園寺がルーズヴェルトの忠告どおり、もう償金などはやめようといっているのに対して、戦争を続けても頑張れと言うのは小村です。小村のどこが偉かったかといえば、自らは超タカ派だったのに、ハト派の代表のように国民から非難を浴びて、それに一言も弁解しなかったということでしょう。

小村の真骨頂はむしろ国権主義に徹した明治の第二世代の代表であるところです。明治三十年ハワイ合併条約が調印されたと聞いたときに、「しまったモー十年」と叫んだ、と外務省編の『小村外交史』にあります。この国権主義意識があったからこそ、日英同盟、日露戦争に際して誤りのない判断を下せたのですし、米国の参加を排除したあとの満州経営も、ロシアとの協商の下で勢力範囲を認め合っていこうという、帝国主義時代としての合理性のある政策を推進しています。しかし、伊藤、井上、西園寺などという元老から見ると、国益追求もいいが、やりすぎで、危っかしいということでしょう。

日露戦争後における満州問題は、まさに、元老と明治の新しい国権主義との対立の主要舞台となる問題で、鉄道問題はその一部にすぎません。日露戦争後、日本軍は満州経営などといって満州の軍政をなかなかやめませんが、これを憂慮した伊藤は自ら大論文を書き、首相官邸に元老、重要閣僚、児玉参謀総長等を集めて会議を開きます。

私はつくづく明治の人は真剣だったと思います。小村意見書にしろ、伊藤意見書にしろ、指導者自ら政策を書き下ろし、指導者が集って議論をするのですから密度の高い政策ができます。いまでは大臣はおろか局長でもこんなことはしません。一人の卓越した判断でなく皆でやるのがそれが日本的なのだ、というのが常識になっていて、社会学者も皆同じことを言います。

しかし、私は戦後三十年間ひそかに抱いてきた疑問としてこの判断はちがうのではないか、と思っています。「人じゃない、組織だ」ということで、上の人はおみこしに乗ればよい、下は下で上の人のいうまま、というようなことは戦前の日本社会にはなかったことと思います。これはおそらくは戦争中の軍隊の下級幹部教育の影響か、あるいはもっとひろく言って、リースマンの言う大衆社会の出現の結果ではないかと思いますが、いずれにしても、明治の人々が現にやっていたことから見て、これが伝統的な日本人の国民性なのだと言って得々としているのはおかしいような気がします。わき道にそれましたが、指導力ということも戦略論の一部です。

さて、その意見書とその後の討論の中で伊藤の言っていることは、日本はつねに英米両国と提携して満州の門戸開放を提唱し、その結果ロシアとの戦争にも入ったのだから、それをいま満州を独占しようとしてはいけない、ロシアに対しても旧怨を忘れさせるようにしないと、ロシア内のタカ派の術中に陥って、ポーツマス条約は一時の休戦条約と同じことになってしまう、また清国に日本を信頼させ、清国で指導的地位に立つためにも、満州はちゃんと清国に返すべきだ、ということです。

そして米国については、伊藤は、「余が甚だ懸念に堪えぬのは、米国は世論の勢力が強大であるから、一度世論が動くと、政府当局者がいかに衷心から日本に同情を寄せていても、已むを得ず世論に適合する政策をとるに至ることである」と指摘しています。

伊藤のもう一つの論点は中国のナショナリズムで、「若し今日のまま放任せば、二十一省の人心は終に日本に反抗するに至るべし」と述べています。

さきの日英同盟のときは、伊藤は最後には小村の意見の正しさを認めて、自ら筆をとって賛成の意を表し、国論はそれで統一しますが、今回は絶対に譲りません。寺内陸相が「ここでは細かい審議も困難だが趣旨には賛成だ」と言うと、「大体において異存がないということではいけない。異存がないなら実行の方法を講じてほしい」ときめつけ、討議の終りに

「余の見る所では児玉参謀総長等は満州における日本の位置を根本的に誤解しておられるようである。……満州は純然たる清国の領土の一部である。わが属地でないところにわが主権が行なわれる道理はない」と断言し、西園寺首相は総括して、伊藤意見に異議なしとして軍政撤廃を指示します。

こうしてこの会議は伊藤、西園寺、井上等元老の権威でまとまりますが、その後は、まさに伊藤の危惧したとおり、日本の政策はことごとにアメリカの世論と中国のナショナリズムの連合と正面から対決する方向に進み、最後にはこれに敗れ、ソ連をして日露戦争の報復をしたと快哉を叫ばせることになります。

この会議の首相であり最後の維新の元老である西園寺公が九十二歳で亡くなり、国葬があったその翌年、日本が太平洋戦争に突入するのも歴史のめぐり合せでありましょう。

それにしても伊藤博文という人の判断のよさはただ感嘆のほかはありません。もともと非凡な素質の人のうえに軽輩から身を起し、疲れを知らない体力で、英国公使館焼打ちなどあらゆる幕末、明治の事件、計画につきあってきたという経験の蓄積から得た現実的判断ですから、甘いところが少しもありません。しかも他人の意見が正しければ、それに妥協し、これだけは正しいと思えば絶対にひかないというこの出所進退の判断もなかなか真似のできるものではありません。

米国の力と米国の世論の重要性などというものを、この時期にこれほどはっきり認識していた政治家は世界でも稀だったのではないでしょうか。

この伊藤の判断は、すべて、日本の実力について常識的判断をもっていたところからきています。維新以来やっと育て上げてきた日本というひよわな近代国家を、国際社会の荒波の中でいかに生きのびさせようかということが、維新の元勲達の考え方です。

日露戦争も危っかしい戦争で、最後までやりたくなかったのですが、ほかに方法もないので、英国を後楯にしてやってみると、どうにか勝っているうちにやめられたので一安心としても、これから先、ロシアは地政学的にも、また一度戦争をして負かしたという点でも潜在的な敵ですし、今度戦争して勝つかどうかもわからないところに、アメリカと中国から敵視されるのでは危くてしようがないではないか、という常識的な判断です。日本一国の力ではロシアとも、アメリカとも、イギリスともまともな戦争をして勝てないという極東の力関係をよく自覚している現実的判断です。

これに対して、少し遅く生まれたために維新の大業に参加できなかった明治の第二世代としては、日本の帝国主義的発展の中に、生き甲斐と功名を求めて走り出していたわけです。

陸軍の動向も日露戦争を境にして大きく変ります。戦争中は早期講和と満州中立化を推進する主要勢力で、児玉大将自ら早期講和を政府部内で説得して歩きますが、戦後ロシア軍が撤退を始めて危険が遠ざかると、満州を現に占領している既成事実をなかなか手放したがらないようになります。これに対して林外相の下の外務省は、国権主義であることはいずれも同じですが、国際法や条約上できないことはできない、ということで、これを抑制する方向に動き、その後の第二次大戦までの国防と外交の相克、あるいは協力の基本型がここに始まります。

こうして、一度火のついた国権主義ムードの先頭を切って走り出すのは結局軍部となるわけです。その理由は、『甲陽軍鑑』の言うとおり、十分の勝ちのあとの戦勝に酔ってしまったという常識的な解釈で充分なのでしょうが、日露戦争を国民の反対を押し切って妥協で終了させねばならなかった情勢判断と戦略を、政府中枢のごく少数の人だけが知っていて、一般国民はおろか、政府と軍の幹部の大多数も知らされず「戦略的白痴」の状態をつくってしまったことにも責任がありましょう。

アメリカの登場

こうして見ると日本の国家戦略を誤ったのは全部日露戦争の勝ちにおごった明治の第二世代の責任のように聞えますが、その間の事情には同情すべき点もあります。

明治の第二世代も何もアングロ・サクソン協調路線を意識的に離脱しようとしたのではあ

りません。碁でいえば、序盤のちょっと欲張った一手が、いつのまにか大石が死ぬ原因となったようなものです。日露戦争直後の時点でアメリカと満州で協調していかないということが、やがて日英同盟の根底を揺がして、日本を極東で孤立化させ、ひいては日本帝国の没落に導くという判断まですることはたしかに難しいものだったでしょう。

その最大のつまずきの石は、アングロ・サクソン世界の中における米国の占める比重が高くなったという新しい事情が生まれてきたことです。米国が国際政治に登場したということは、その後の世界の動きに重大な影響を及ぼすのですが、二十世紀の初頭にその意味をつかむということは容易ではなかったと思います。

これは私見であり、どこまで正しいか私自身まだ自信はないのですが、二十世紀になって戦争の規模が無茶苦茶に大きくなったということの背後には、一つにはアメリカの登場があるのではないかとの疑いをもっています。ジョージ・ケナンがいみじくも「デモクラシー・ファイツ・イン・アンガー」と言ったように、民主社会はなかなか戦争に入りませんが、入ったときは相手が悪いと思って本気で怒って戦争をするので、いったん戦争になるとどこかで妥協して手を打つということができないで、相手が無条件降伏をするまで徹底的に戦います。だいたい無条件降伏などということは、ジンギスカンの戦争と同じで、ルネッサンス以来の「文明国同士の戦争」ではありえなかったことです。そしてその結果既存のパワー・バランスをみな破壊してしまうので、すぐに新しい問題が生じます。そういう戦争の論理的帰結は世界を征服するか世界国家をつくることなので しょう。ところが、現に第一次大戦後は国際連盟、第二次大戦後は国際連合をつくりますが、これがまた中途半端なつくり方をするものですから、崩れたバランスを回復する役割を果していません。

極東における米国はこれまた特殊な役割を果します。極東という地域の一つの特徴はアメリカ、ロシアともに行動がきわめて積極的だということです。

ソ連の脅威論が盛んに論じられたときに、ソ連という国は基本的に防衛的だという話がありましたが、私はこれは欧米の理論の口うつしではないかと思っています。たしかに、ロシアは、チャールズ十二世の侵入といい、ナポレオン戦争といい、ヒットラーといい、いつも、まず侵略を受けてからこれを押し返し、そのたびにロシアの国を飛躍的に偉大とする契機としています。

しかし、極東に住んでいる我々の経験はまったく別です。第三章で説明したシベリアの経略や、とくに、三国干渉で遼東半島を返させておきながら、自分でそれを取ったうえに満州に大兵を送り込んだやり方などは、膨張主義そのもので、とても防衛的とはいえません。歴史を読んで、その動機をしらべても、功名を立ててツァーの歓心を買おうという側近の競争から出たものとしか説明しようがありません。実は、中央アジアの侵掠(しんりゃく)もトルコ領の侵掠

——西欧の歴史では回教徒に対するキリスト教徒の戦争ということで好意的に扱われています——も極東と同じようなことだったようで、あるアフガニスタン人の教授の話を聞いてなるほどと思ったことがあります。

米国もヨーロッパの方を向くとモンロー主義ということで、旧大陸の「汚れた」パワー・ポリティックスから新大陸を守るという意味で防衛的ですが、極東になるとガラッと変って積極介入主義になります。フィリピンの占領や、清国の門戸開放、領土保全政策などがその例です。日本人がソ連を防衛的と言うのは、あたかも米国はモンロー主義だからアジアも含めて米州以外の問題にまきこまれたくないのだと信じていると同じことと言えます。ケナンは「過去半世紀以上をふり返って、米国の極東政策と欧州政策とのあいだにははっきりしたちがいがある。極東に対してはヨーロッパに対するような遠慮がない。極東の問題は（ヨーロッパのように）自分達に関係のないことだと言って避けようとするどころか、極東問題には進んでまきこまれようとしている。……極東については各国の事情や権力政治の現実というものを認めて力のバランスをはかろうとするよりも、道徳的感情を押しつけようとしている」と指摘しています。

そしてその理由として、「この不思議な現象の背後には、疑いもなく、米国の感情的なコンプレックスを認める」と述べています。しかし、これはおそらく感情だけではないでしょう。ロシアにとっても米国にとっても、欧州で起ることは自分の国の生存に関係します。ロシアはピョートル大帝以来、四度も滅亡の危機に瀕していますし、米国も、モンロー主義などと言いながら、結局は英海軍の傘の下で孤立を維持できていること、そしてその英国はヨーロッパのバランス・オブ・パワーに依存していることはよく知っています。ところが極東にはその存立にかかわるような利害関係がないので、ロシアの場合は冒険主義的な膨張主義、アメリカの場合はフィリピンに見られるような膨張主義と同時に、米国特有のモラリズムを自由に発揮する場所になるわけです。この被害をもろに受けるのは日本です。

米国が、中国の門戸開放、領土保全という道徳的に非の打ちどころのないことを言うのに逆らって、日本がどんどん大陸に進出していったことはたしかに悪いといえば悪いのですが、日本にも言い分はあります。

門戸開放、領土保全の原則は、日清戦争で北洋軍が壊滅して抵抗力がなくなった清国に対して列強が禿鷹のようにむらがった直後の一八九九年から一九〇〇年にかけて、次々に宣明されますが、満州に大兵を送り込んでいるロシアに脅威を感じている日本としては、アメリカがロシアを抑えることを期待するのは当然で、一九〇一年に、清国の領土保全については日米の立場は同じだから協議しようと提案します。これに対して、米国は道義的な力以外使う気はなく、どこかの国と敵対するような方法で原則を実施する気はないと答えて日本を失望させます。そして日本は翌年、日英同盟にふみ切るわけです。日本はその後も米国の意向を打診しますが、米国は通商について門戸開放さえ認められれば、ロシアの満州占領にとくに反対する意向のないことが明らかになってきます。もちろんロシアの満州進出に対して力を用いると言っても、その手段がないのですからどうにもならないのですが、この態度と、後年日本が満州に進出しようとしたときの米国の態度とをただ表面的に較べれば、日本としても釈然としないのも当然です。しかも、米国は清国の領土保全についてはその後立場を後退させ、福建省に貯炭地を要求しようとして、日本から咎められたりしています。

また、門戸開放宣言は、列強への通牒のかたちで出されますが、列強はいずれもまともな返事をしていず、実際には婉曲に断わられたといった方が正確な状況でしたが、ヘイは、すべての国から満足すべき保証を得たものであり、これは最終的かつ決定的なものと考えると総括して、アメリカの国内向けに、アメリカの外交的勝利として宣言しています。ちょうどその年は選挙戦の年で、そのことは一面、強引に外交的勝利ということを国内向けに言わせて、その後半世紀のアメリカのアジア外交に大きな影響を与えることになりますし、他面、選挙戦中にロシアと事を構えたくないという考慮から、日本の照会に対する回答が逃げ腰となっているということも言えます。

まさに、半世紀後ドゴールが、アメリカという国は天下の大事に、幼稚な感情（モラリズム）と複雑な内政事情をもちこむと、喝破したとおりです。

こういう点については米国の中でも反省はあります。ケナンは「アメリカン・ディプロマシー」の中で、右のような事実関係を全部認めたうえで、「米国の政治家は、道徳的な原則を、それが実際上非現実的なものであっても、無責任に打ち出す。その結果言われた方は困るのだが、もし言うことをきかないと国際世論の中で恥をかかせるようにさせ、他面、言うことをきいた国にとって、その結果問題が生じても、それはその国が解決すべきこととして助ける気はまったくない。こうやって、中国大陸における日本の地位を、単なる道徳的な信念から、毎年毎年やっつけてきたが、その間、日本や中国の内情、日本の力が極東のバランス・オブ・パワーに及ぼす影響など、実際の問題を考えることはほとんどなかった。日本の挫折感が軍国主義に走らせることにも関心がなかった……」等と述べ、すでに一九三五年のマクマレーという人が「日本を除去しても日本のかわりに帝制ロシアの後継者たるソ連が入ってくるだけで、得をするのはロシアだけだろう」と指摘したのを引用して、対日戦争の目的は達したが、その結果、日本の問題をアメリカが全部引き受けてしまったと述べています。そして、極東の国際政治の力の要素をもう少し考慮すれば真珠湾を避けえたかもしれない、と述べています。

私は、ケナンの分析は全部正確であると思います。ただ、これはアメリカで権力政治のわかる例外的に少数の人の発言でありまして、アメリカの民主政治が実際にこのようなコースをとりえたものとはとうてい思えません。ということは、アメリカが片手にモラリズムをふりかざして、片手は国内政治に操られて動く国だということを既定の事実として受け入れて、そのうえで日本の政策をつくらざるをえなかったということです。もっと端的にいえば、日本はアメリカより弱いのだから、強い者の出方を観察して、それに合わせて政策をつくるほかはないということです。過去何世紀も、アングロ・サクソン世界外の国の存亡は、アングロ・サクソン勢力の出方のヨミをいかに正確に行なうかに、かかっています。この点も『国家と情報』で指摘してきたところです。

一つ一つ細かいことをああだこうだと言えば、日本の立場を弁護して、アメリカが悪かったということも言えましょう。またアメリカという異質の強国が突如出現して、国際政治のルールが奇妙に変ってきたことに適応しなければならないという誰も未経験な——おそらくは日本が世界ではじめて経験する——事態に遭遇した、我々より一つか二つ前のジェネレーションの立場にも同情すべき点は多々あります。

しかし、日本の大きな戦略ということに立ち戻ってみれば、ロシアとは、迫りきつつあった第一次大戦のために、大陸の勢力範囲について暫定協定を結ぶことは可能とはいえ、潜在的には日本は地理的にロシアの太平洋進出と衝突する位置にあり、また、報復戦争の可能性は排除できないような状態で、また、英国はもはやアメリカと組んで国際政局を指導していかなければならない状況にあり、さらに中国のナショナリズムは澎湃(ほうはい)として起り、米国の世論が深い同情を寄せつつあるような国際環境の中で、ひとりでどんどん大陸に進出していくということは、いつか破局に遭遇せざるをえないことは明らかでした。

『重臣たちの昭和史』の序で木戸幸一が、昭和の歴史を顧みて、一口でいえば〝あれしか仕様がなかった〟と考える、と言っているのは正確だと思いますが、それは、日露戦争直後以来の戦略的誤りに起因するのであって、その以前には、まだ別の選択をする余地はあったということは充分言えましょう。

第六章　デモクラシーで戦えるか

イデオロギーとパワー・ポリティックス

いよいよ過去の歴史から現在の国際情勢の分析に移りたいと思いますが、第二次大戦後の国際情勢を正確に把握しようとするに際して、一つ、ややこしい問題が生まれています。国際関係というのは元来、国家や民族のあいだの利害関係なのですが、戦後の世界ではこれに加えて、自由と共産のイデオロギーの対立という問題が入ってきて、時として、問題点の明快な理解を妨げ、また時としては、反対に問題をあまりに簡単に割り切らせてしまう傾向があります。

このイデオロギーの問題をどう考えたらよいのか、ということについて、戦後くり返して出てくる一つの考え方は、国家の行動というものは、畢竟はそれぞれの国の国家利益によって左右されるものであり、一見イデオロギーの対立の結果のように見えても、すべてパワー・ポリティックスで説明できるということです。

モーゲンソーなどは冷戦の始まりのときから、イデオロギーは対外政策を正当化する道具にすぎず、現状は二人の巨人がお互いに警戒しながら睨み合っている「原始的光景だ」と言っていますし、中ソ対立も、イデオロギー対立か国家対立かの論争がありましたが、いままでは、国家対立であることは明らかのようです。政治家ではドゴールがその典型で、テレビ記者会見で「イデオロギーの対立をどう思うか？」と聞かれて、肩をすぼめて口をとがらせる、フランス人が軽蔑を示す際の特有の仕草をして、「イデオロギー？　それは何のことだ？」と言っていました。

私自身もどちらかといえば、国家の行動というものは国益で全部説明できるべきもので、もしイデオロギーのために、本当に国益を犠牲にするような例があるとすれば、それは対外政策の失敗の例であると思っています。

しかし、他面たとえ失敗の例であろうと、また、イデオロギーとパワー・ポリティックスがうまく一致した例であろうと、イデオロギーというものは現に存在するのであって、ドイツ観念論的に両者を峻別（しゅんべつ）して、国際情勢分析からイデオロギー的要素を全部排除するようなことはまちがいと思っています。十字軍や、宗教戦争のような現象を宗教的要素を排除してパワー・ポリティックスだけで説明しようとしたりすることは、頭の体操にはなりましょうが、時間をかけるだけの価値のある作業とも思えません。

ということで、現在の東西対立をイデオロギー対立と考えるべきである、とか、ないとかいう議論には深入りは避けますが、ひるがえって日本の防衛論争との関連ではイデオロギー問題の占める比重というのは相当に大きいので、第二次大戦後の国際環境を力の関係から分析する前に、ここでイデオロギー問題についての考え方を整理しておきたいと思います。

「何を守るか」の問題

日本が自由と民主主義の国であることは疑いない事実ですし、国民がこれを支持していることもまちがいないところです。しかし、これが防衛との関連で議論されると、とたんに多くの問題点が噴き出してきます。

第一の問題は、何を守るのか、といういちばん基本的な問題にまで関係します。自由民主主義の大事なことについては、本当の共産主義者以外はどんな反政府的人間も異論はないようです。

六〇年安保改定反対のデモはあまり理論的にスジの通ったものでもなく、参加者のほとんどは、いまは、「若気のいたり」として、イデオロギー的な継続性はもっていないようですが、当時の反対派の理由の一つは岸内閣が強行採決をしたことを理由に、「安保条約よりも議会民主主義の方が大事だ」ということでした。また機密保護法に対する反対の理由の一つは、言論の自由を侵害するおそれがあるということでした。

これほど大事な議会民主主義と自由ですが、これを外敵から守るために血を流せるかというと、どうも返事が返ってきません。なかには降伏してもよいという議論もあります。自由と民主主義を守るために日本の国家権力に抵抗したと称する人々が、外国の国家権力となると、「命ばかりはお助けを」となる矛盾は、両方とも真面目な議論とすると、どうにも説明困難なものです。

おそらくは、いずれも、不真面目といって悪ければ、泰平の逸民の遊びの要素がある議論なのでしょう。反国家権力の姿勢についていえば、七〇年安保の安田講堂で、機動隊が「決死隊」に警棒をふり上げたときに、「決死隊」が「おい乱暴するなよ」と言ったというような不真面目さがあり、降伏論についても、パックス・アメリカーナの下では「どうせそんなことは起らない」という楽天主義か、「どうせ自分が何と言おうと、安保条約も自衛隊もそのままで、いざというときは何とかしてくれるのだろう」という、それなりにかなり正確な見通しのうえに立った甘えのある議論だろうと思います。

そういう人達を相手に、万一共産主義に制圧された場合、日本国民がどんな苦難を味わうかなどを説くのは、あるいはユーモアを解しないわざであるかもしれません。

そう言って笑いとばしてしまえばそれまでですが、私は、こういう矛盾した論理の奥にもう一つ何か本当のものが潜んでいるような気がします。

私は従来、これだけの自由と繁栄を享受している日本人がこれをむざむざ捨てるだろうか、いざというときはこれを守ろうとするのではないかという考えをもっていますが、この私の意見に対して、ある社会人類学者は「いや、日本人は自由と民主主義のためには戦いません」と断言されました。「それでは降参してしまうのですか？」と訊くと、「いや、戦います」という答えです。よく訊いてみると、「日本人は肌で感じないとわからない国民だから、自由とか民主主義とか、観念的なもののためには死にません。ただ敵が攻めてきたならば、これは大変だといって皆で国を守るでしょう」ということでした。これは大変深い意味のある言葉で、いまでも私は、ひょっとするとこのあたりが真実かもしれないという感じを拭い切れません。現に、一人一人の自衛隊員が本当に侵略を前にして戦うときは「自由と民主主義のため」などとは思わないでしょう。「国土と国民を守るため」ということだろうと思います。

にもかかわらず、私は、日本国民が自由と民主主義を守ろうとする可能性、あるいは言葉をかえれば、民主社会として戦うという可能性は排除できないと考えています。

一つには、日本は民主主義の下で戦争をしたことがないのですから、いざという場合、日本の民主社会がどういう反応を起すかは、いまから即断できないからです。第一次大戦の前のアメリカでも、理念として旧大陸の汚れた権力政治と手を切ったはずのアメリカがヨーロッパで戦争できるのか、米国人口の中で枢要の地位を占めるドイツ系米国民の忠誠心に期待できるかなどの問題があったのですが、やってみると意外に国民が結束したということもあります。

もう一つは、歴史の例では、古代ギリシャから両大戦の米英両国に至るまで、デモクラシーの社会というものは、平和時はこれで戦争ができるかと思うくらい反戦的ですが、戦争においては専制国に見られない団結を示しているからです。

トクヴィルは、なぜ民主主義国家は戦争が嫌いか、ということについて、各個人が守るべき財産をもつようになると、戦争はそれをすりつぶしてしまうからいやだ、個人同士が平等になると、温和（おとな）しさとか優しさとか同情心とかが生まれてきて好戦的でなくなる、また、皆が現実的になり勘定高くなると、詩的な激情に酔って戦争するということがなくなる、などの理由を挙げています。これは一つ一ついまの日本にあてはまりましょう。

ところがいったん戦争となると民主社会はその強さを発揮します。トクヴィルは、十五世紀のスイスが周囲の大国からも恐れられていたのは、唯一の民主国家だったからで、まわりの国が民主的になってしまったので、いまは人口並みの力しかなくなったと書いていますし、またマキャヴェリを引用して、「君主が奴隷を率いている国よりも、君主や貴族を指導者として国民が仰いでいる国を征服する方がはるかに難しい」と言っています。この理由としてトクヴィルは、民主社会では、戦争のおかげでいままでの平和的な生活や職業の基盤が失われると、平等から生まれた競争社会のエネルギーが戦争や軍隊の方に向うと説明しています。

トクヴィルの議論の多くは古典的な真理を語っていますが、なかには割り切りすぎて、その後のアメリカの歴史の実例から見て必ずしも正確と言えない指摘もあります。右の点についていえば、ジョージ・ケナンの Democracy is peace loving, but fights in anger.（民主社会は平和愛好的だが、戦うときは本当に相手が悪いと思って戦う）の方が、二度の大戦を経験した実例に即しているだけに、当然、より正確でしょう。

ただ、見方によっては、国土と国民を守ると言っても、自由と民主主義を守るといっても畢竟は同じことかもしれません。田中美知太郎先生によりますと、自由という言葉はすでにホーマーの詩の中にあるそうです。トロイの英雄ヘクトルが、戦争のあいまに家族と団欒（だんらん）しながら、もしギリシャ人が勝てばこの自由の日々は失われ、自分の妻子は奴隷になってしまうと語っています。またペルシャ戦役のサラミスの海戦で、ギリシャの指揮官テミストクレスは「行きて汝(なんじ)らの自由を守れ、汝らの妻や子の自由を守れ」と指令し、歴史的な大勝利をおさめます。

この例をひいて田中先生は、「つまり自由とは、自分の属している国の安全ということ、それが他国によって支配されたり侵されたりしないということ、これが第一の意味だったのです。自由のために闘うというのは、我々日本人にはあまり切実感のないことですが、生々しい現実においては先(ま)ずそのことが考えられます」と述べておられます。

いまは自由世界と共産世界があるので、自由国が共産国に制圧されれば自由を失う、という一見きわめて明快な公式が可能です。また、アメリカに占領された日本が自由と民主主義を与えられ、ソ連に占領された東欧諸国が自由を失ったという歴史的事実もあり、ますますこの公式は正しそうに見えますが、「自由」ということの本然の意味は別のところにありそうです。

ハンガリー、チェコ、ポーランドが守ろうとしたものは「自由」ですが、それは必ずしも社会主義体制を否定するものではありませんでした。

私はかつてフィリピンとか韓国とか、日本のために「自由」を失ったことのある国々に勤務してその怨恨の根深さに冷水を浴びせられる気持がしたものです。「現地人による最悪の政府は、外国人支配の最善の政府にまさる」というのを真理と思います。

防衛論争の際、満州体験のある人は防衛力支持だが、原爆体験の影響は中立的にしか出てこない、という理由の一つもここにありましょう。戦争の悲惨は同じでも、これを訴える相手の権力者が同じ日本人である場合と、日本人を精神的肉体的凌辱（りょうじょく）の対象としか考えない外国の征服者であるという絶望的に惨めな場合との差でしょう。

自分の国のことは自分で決める自由、これは独立と呼んでも主権と呼んでもよいのでしょうが、これを守るということでしょう。日本でたまたま国民の圧倒的多数の支持を得ている体制は自由民主主義体制ですが、これを守るということは、つまり国民の自由な意思を守るということです。また、最近数十年の歴史の先例から見て、共産国に制圧された場合の方が、民族の自由に対する抑圧がはるかにきびしいということは言えましょう。しかし、国民の自由な意思に基く政体をもちたいという願望は、日本も、ポーランドも、カンボジアもそれぞれ同じことなのでしょう。

いくら社会主義の方が資本主義より優れていると思っても、自民党単独政権の続いている日本よりも、社会主義国に占領してもらった方がよいなどと考えている社会党員は一人もいないのでないかと思います。それが自由を守るということであり、日本の自由を守るべきだということについての国民のコンセンサスの基盤は、もうそこにあるのではないかと思います。

国民が「怒って」やれる戦争

まだ議論の余地のある結論かもしれませんが、一応こう割り切って考えるとしても、第二の問題は、日本という国はデモクラシーの体制の下で戦争をしたことがないので、いったいこんな体制の下で戦争ができるのだろうか、という問題です。

この問題を、日本問題で高名なハーヴァードの社会学者になげかけたのに対する答えは次のとおりでした。「デモクラシーの下で戦争するのは何でもありません。popular war（評判のよい戦争。国民の支持する戦争）なら、いろいろな問題はおのずから片づきます。ベトナム戦争のようなのは駄目です。第一次大戦や、朝鮮戦争は必ずしも評判のよい戦争ではありませんでしたが、どうにかやりました。第二次大戦は真珠湾を攻撃してくれたので、あんな楽な戦争はありませんでした。ただ、日本がポピュラー・ウォーを戦うためには、〈よく知らされた国民（インフォームド・パブリック）〉の支持が必要ですが、これがデモクラシーで戦うための一つの要件でしょう」。フォークランドの戦争を見ても感心するのは、英国側の日々行なう発表があまりにも正確なことです。プリンス・オブ・ウェールズの撃沈をただちに議会に報告したチャーチルに見られるアングロ・サクソン風デモクラシーの伝統が、脈々と生きています。

ベトナム戦争後、アメリカの学者、評論家のあいだでベトナム戦争を反省する論文がいろいろ書かれましたが、その代表的なものの一つとして、SAISのオズグッド教授は次のように言っています。「ベトナム戦争はあらゆる意味で大変にコストのかかる戦争だったが、国民がそのコストに見合わない戦争だと考えたのは、一つにはベトナム政府がダメで、勝つ見通しが立たなかったこともあるが、アメリカの国民も、政府も、朝鮮戦争や、第二次大戦に較べて、アメリカ自身の安全保障がかかっている戦争だという風に思わなかったからである」。一言で言えば、ベトナム戦争を大事な戦争だとアメリカ国民に納得させることが、ついにできなかったということです。ケナンの言うように、国民が「怒って」やれる戦争ではなかったということです。

この点は現在の日本の場合は心配ないでしょう。日本の安全が本当に脅かされたとき以外は戦争できないようなしくみになっていますから、日本が戦争する場合は、誰の眼にも、日本の安全保障がかかっているという場合だと考えてよいからです。

ただ、問題は、国の独立、あるいは自由が脅かされれば日本人は結束して戦うだろうといっても、戦うにはそれだけの準備が要ります。急に準備しろといってもできないものもあり、脅威が誰の眼にも顕在化してからではまにあいません。国民がせっかくその気になっても、いざというときに何をしてよいのかもわからないし、自衛隊の力もあまりに微弱で、協力しても勝てそうもないというのでは、そのために敗北主義になることもありましょう。これはデモクラシーの一般問題であると同時に、日本という国の特殊問題でもあります。トクヴィルは、デモクラシーでは、平時は軍事が軽視されているので、戦争のはじめはデモクラシーの国は弱いが、戦争が続くと右に述べたような理由でだんだん強くなってくるといっています。この点はチャーチルも言っていることで、最後の勝利は我にありとつねに言っていました。

一つの問題は、米国のような独立の大陸か、英国のような島国でしかも大陸にはバッファーとなる諸国があるような国ならば、国民の意識が目覚めてくるのを待つ時間的余裕がありますが、現在のドイツとか、かつてはドイツの脅威の下にあったフランスやロシアなどは、それまで待つことが可能かどうかということです。従来とも大陸諸国の方が英米より中央集権的な体制をとってきたのには、こういう安全保障上の背景があったのでしょう。アンドレ・モーロアが指摘しているように、アングロ・サクソン風デモクラシーは英米のような地理的環境の賜ということもできます。

極東でも、つねに中国と北方の蛮族の脅威の下にあった朝鮮半島が中央集権体制をとり、これをバッファーとした日本が地方分権の封建主義を完成させたことや、現在休戦ラインをはさんで北と対峙している韓国が高度の中央集権体制にあるのに対して、日本が自由を謳歌しているのも地理的環境のしからしめるところ大きいと言えます。

一つだけ現在の日本について未解決の問題は、すでに述べた北方の脅威です。西方について言えば、米韓軍の存在する韓国という強力なバッファーをもつ日本は、イギリスによく似た地理的環境にありますが、北方については、有事の際にどのくらい時間的余裕があるのだろうかという問題は残されています。

さらに日本の特殊な問題は、国民がどのくらい早く、本当に戦う気を起すかという問題だけでなく、戦う気を起しても、常識的な程度の準備もないので、その準備をするだけでも時間がかかるということです。しかし、これは戦後の日本の特殊事情の問題で、デモクラシーの問題ではないでしょう。

この問題はつきつめていくと、ふだんから、自衛隊の力を国民の信頼に応えられるだけの強さに維持しておくということと、有事立法をどうするかという法技術的な問題になりますので、ここでは立ち入って議論する必要はないと思います。ただ一般論として、どんなデモクラシーの社会も、いざという場合の準備というものはしているのですから、日本も民主主義国であることと背反しない有事立法をもつことは可能であり、必要でありましょう。

むしろ自由社会としてごく常識的なことまでを、軍国主義への第一歩などと言ってあまりに抑えすぎると、「いざというときはどうするんだ」という危機感が昂じて、逆の極端に走る可能性もあると思います。デモクラシーの社会では、議論を充分に尽したうえで、一つ一つ多数決で決めていったことがいちばんよいのですから、平和時で、皆が時間をかけて考える余裕のあるときに一つ一つ決めておいた方が、いざという場合、極端に走ることをあらかじめ制し、デモクラシーの復元力を確保しておくためにも必要なことと思います。

自由社会の共通利益

第三の問題は、日本自身の体制の問題だけでなく、日本は自由陣営の運命共同体の一員なのか、東西の対立に中立が許される立場なのか、という問題です。

この問題も第一の問題にまさるとも劣らない一筋縄でいかない問題です。

イデオロギーが同じだということと、一緒に戦争しなければならないということは、必ずしもつながらない、という議論はいろいろできます。

共産圏の例を見るのがいちばん簡単です。中ソは対立し、中国とベトナム、ベトナムとカンボジアはお互いに戦争をしています。だから自由圏も真似をしろというわけでもありませんが、社会主義国同士だからお互いに結束するなどといっても話にならないのが現状です。

米国もはじめは、共産主義に対する国は全部自由陣営の一員ということで大統一戦線を考えましたが、それも実は旧植民地国の睨みがきくあいだだけで、インド、エジプトを筆頭に、やがてアジア、アフリカの新独立国は非同盟を宣言して統一戦線から離れていきました。

　他方アメリカ国内でも、自由陣営といいながら独裁的政権や腐敗した政権を支持するのは変ではないかという議論がたえず出てきます。つい最近でも、カーターの人権外交でイラン、韓国、ブラジルなどと米国との関係がおかしくなったりして、反対に、そういう考え方はおかしいのではないかとの現実主義的な批判も出てきました。

　そこで、日本、米国、西欧のような先進民主主義国というものは運命共同体だろうか、という問題が最後に残ります。キッシンジャーは私の記憶しているかぎり、一度も自由陣営という言葉は使ったことがありません。そのかわりインダストリアル・デモクラシーズという言葉を多用しています。

　現在でき上がっている国際的な政治経済体制では、先進民主主義国は運命共同体だということは充分言えます。他の国から見て日本はどうかということは別にして、少なくとも日本の側から見て、米国を中心とする現在の先進民主主義国間との協調体制の中においてのみ、現在の高い生活水準も自由も享受できることは自明のことです。したがって、もし戦争があれば、先進民主主義国側が勝って、戦争のあとにはいまのような国際的な政治経済体制が復活することを希望するのは当然とまで言えます。すでに、政府も国会の答弁や、日米会談のコミュニケなどで、自由諸国の共通利益や共通関心などについて明言しています。

そこまで考えても、最後のギリギリの議論として、自由民主国家群が勝つことを希望するのはよいとして、日本が戦争までしなくてもいいんじゃないかという考えはありえます。

ここでまた前の議論に戻りますと、デモクラシーが戦争できるのは、自分の国の安全保障が本当に脅かされていると国民が納得するときだけです。同盟国だからということで、義理人情で戦争につきあうというようなことでは国民の中に割り切れないものが残って、ポピュラー・ウォーにはなり切れないでしょう。ベトナム戦争について、最後には戦争目的が「米国の威信」だけになってしまったのですが、それだけでは国民の支持を得られなくなったと、多くの米国の識者が指摘しているのと似たようなことです。ですから、すべてはそのときの状況によりましょう。国民が、日本の安全保障が本当に脅かされていると感じるか、あるいは日本も含めての先進民主主義国全体の危機で、日本にも本当の脅威が迫っていると誰もが思うような場合ならば、日本は自由陣営の一員として戦うことになるでしょう。

そういう可能性がどのくらい大きいかについては、きわめて現実的な問題なので、次章以下、軍事バランスや日本の戦略的地位に即して考えていきたいと思います。

ただ最後に、この問題を、すでにふれたハーヴァードの社会学者と議論した内容を記します。この議論では、私はあえて相手を挑発するつもりで、「日本が先進民主主義国の一員であり、アメリカが負ければ日本の自由も繁栄もなくなることもわかるのだが、アメリカが最終的に勝てそうなら戦争しなくてもよいし、負けそうなら、アメリカについたら損になるという議論が成立しうると思うがどうか?」と言ってみたのに対して、彼は、「問題は米国民の反応である。米国民はどんなことについてもフェアネスということを問題にする。日本が犠牲を払わないで、自由民主主義の恩恵にだけ浴そうとすると、日本はアメリカから見捨てられるおそれがある」と言っていました。

彼は社会学者ですから、アメリカの世論が「見捨てる」というところまでしか言いませんが、同じ質問を政治学者に訊ねたところ、「大事なときにアメリカを不利にするかたちで日本が非協力、中立の態度をとると、米国民の怒りは相当なものだろう。少なくとも米国のコミットメントがなくなって、中立をした瞬間に、その中立がいつソ連に侵されるかわからないという事態が生まれることになろう」と言っていました。まさにまったく同じ答えを得たわけです。

そういえば、ある会合で、日本は憲法解釈上集団自衛権は行使できない、という話をしたところが、ヨーロッパの主要国大使までつとめたことがあり、現在は一流大学で教授をしている人が、「日本はそんなに縁の薄い仲間なのか(distant ally)」といって怒り出したことがありました。米国のインテリの中で日本の特殊な事情がわかっている人は、日本に専門的に関与したことのあるごく少数の人で、それ以外は、他の先進民主主義国と日本は同じだと思って判断するのですから、日本がいくら特殊事情を説明しても、こういう反応が国民的反応になってしまう可能性があることだけは、将来の見通しの一部に入れておく要がありましょう。

ここでまたアングロ・サクソンとの協調論に戻ってしまいます。最近、防衛努力を必要とする国民の認識は高まっていますが、その中にはアメリカを怒らせては困るからという人もいます。そういう人達がくり返して言う質問は、「どのくらいやったらアメリカは満足するだろう」ということです。防衛の目的は日本の安全保障なのですから、アメリカから言われなくても、やるべきことはやるべきことであって、主体性のない話のようにも思いますが、そういう人達はそれなりに日本の安全保障の本質をつかんでいるのでしょう。つまり日本の安全の窮極の保障はアメリカにあるのだから、日米関係さえよくしておけばどうにかなるのではないかという考え方です。

こうして見てくると、すべて戦争というものの基本的な原理に戻ってしまいます。第一の問題で、日本は自由と民主主義を守るのか、という質問に対して、それは日本の独立を守るのと同じことだ、という千古不易の結論が出たと同じように、第二の問題であるデモクラシーで戦えるか、という問いに対しては、名分のある戦争は戦える、つまり、「無名の師」は戦えない、という、これまた戦争の基本原則どおりの答えが出ました。そして第三の問題で、日本は自由民主主義国の運命共同体の一員なのかという質問に対して、ロシアとアングロ・サクソンの谷間にあって、ロシアと結ぶよりも、中立よりも、日本はアングロ・サクソンと結ぶのが最善の選択だ、という近代になって以来の日本外交の原則が適用されるわけです。

デモクラシーの復元力

イデオロギーに関連した最後の問題は、戦争と、デモクラシーの復元力の問題です。

「民主国家の自由を破壊しようとするならば、戦争こそ最も確実で迅速な方法である」というのはトクヴィルの言葉です。戦争では、少なくとも戦争をしているあいだは、国民は自由の一部を犠牲にしなければならなくなります。自由経済の一部が統制され、ガソリンや食糧が配給制になるようなことは避け難いでしょう。

古代ローマの民主制では、独裁者の出現を防ぐためにコンスルを二人任命して相互に拒否権をもたせ、また任期一年、十年間再選禁止にしましたが、戦争が長く続いたり、長期の外征があったりするとそうもいかず、軍の司令官が独裁的になる傾向がありました。スルラは事実上独裁者でしたが、その死で独裁も終りました。しかし、シーザーで共和制は事実上終りました。日本の歴史でも、鎌倉幕府の御家人による合議制が廃れて、北条高時の専横と腐敗を招いたのは、元寇による執権への権力集中の結果です。一九三〇年代の戦略思想の一つの中心をなした国家総力戦論の元祖はルーデンドルフですが、第一次大戦の末期は、ドイツはほとんどルーデンドルフを中心とする軍部の独裁体制にあったといわれます。

ですから民主主義のためには戦争はしないにこしたことはありません。現に日本の民主主義が自ら勝ちとったものではなく、占領で与えられたものなのにかかわらずここまで定着し熟成したのは、パックス・アメリカーナの下の四十年近い平和の賜であるといって過言でありません。しかし、戦争というものは、こちらは何もしなくても向うからやってくることもあります。むしろいまの日本では、日本が自分の意思にもかかわらず戦争に直面せざるをえない場合だけを想定して準備すればいいわけです。その場合、アテネが、ヴェネチアが、スイスが、イギリスが、アメリカがそうであったように、戦時中は自由の一部を犠牲にしても、戦後はもとの体制に戻れる復元力をもっているという自信をどうつけるかが問題です。

ハーヴァード大学名誉教授をしている世界的に高名な社会学者は、「現在のソフトな政府を少し固くすれば(stiffening)、戦争はできるよ」と事もなげに言っていました。民主社会が確立していればその程度のことでしょう。

戦時中の一時的な自由の制限を軍国主義への第一歩だと言って全部否定すると防衛はできませんから、つまり降伏しかありません。こうやって、軍国主義への道か、降伏かの二者択一として問題を提起しているのが、現在の左翼系の議論の一つの定型です。戦争しても、民主主義の基本は失わないままでできるし、一時的な自由の制限はあっても戦後は元の状態に復帰できるということについて国民が疑いをもっていなければ、この議論は自ら雲散霧消するわけです。

日本の防衛論争がどうもいつまでたっても結着を見ないことの深い背景には、この日本のデモクラシー不信があります。これは日本国内だけでなく、外国から見ても同じ問題があって、「日本のデモクラシーは本物なのだろうか。すぐ戦前の軍国主義に復活するのではないか」という疑問は、第二次大戦を経験しアンチ・ファシズムの中に育った世代の中には抜き難く残っています。

また若い日本専門家は、日本に留学して、日本の自由な若い世代とつきあっているので、日本のマルクス的偏向には辟易し、反感をもっていますが、古い世代が心配している軍国主義への復帰の可能性など考えていません。しかしこういう世代は、日本人がどうもデモクラシーを防衛する気がないらしいという印象をもって、日本のデモクラシーは本物なのか、どのくらいの試練に堪えられるのか、自由陣営にとって価値観を同じくする信頼すべき同盟国と考えてよいのか、いざという場合は日和見するのではないか、などの疑いをもって、そういう不信感が通商問題などにおける冷い態度にも反映されてくるわけです。

日本のデモクラシー

日本の民主主義は本物かという問題については、私の結論は、一言にして言えば、日本の社会は本当の民主主義であるが、日本の思想の中には本当の民主主義はまだ確立していないのではないかということです。

日本の民主主義思想がどこまで根が深いかという点については、客観的条件から見て深かろうはずがありません。戦争中に将来の日本の民主主義について深く考えた日本の哲学者の思想が実現したわけでもなく、ましてデモクラシーのために血を流そうとした革命家の努力がついに実ったわけでもなく、占領軍によって与えられたものです。

もちろん日本にも明治の自由党や、大正デモクラシーなどの議会民主主義の伝統もあり、軍国主義に抵抗した事例もありますが、戦後もちこまれた民主主義は、そういう人達を含めて過去の日本の政界、思想界が考えていたどんなものよりも徹底した民主主義でした。

そこで、戦後の学界、マスコミの思想の主流をなしたのはマルキシズムでした。戦前の共産主義運動というのはかなり幼稚なもので、その行動様式や実勢力の大きさは戦後の新左翼運動とあまりちがわないところもありましたが、ちゃんと国際的に通用するイデオロギーと国際組織の下で体を張って運動したという実績もあるので、一つの思想的源流にはなりえました。

もっともこれは日本だけでなく、戦後のアジア、アフリカではアルジェリアから、エジプト、インド、インドネシア、動乱前の韓国に至るまでの共通現象です。一つには社会主義思想というものは、何のかの言っても、その基本は、ブルジョア、権力者、植民地勢力などがよい暮しをしているのは労働者が働いて生産したものを搾取しているからだ、というだけの単純でわかりやすい話だからです。コンゴ動乱など六〇年代のアフリカの民族主義が一斉に火を噴いたのは、当時親ソ的だったカイロ放送がマルキシズムを鼓吹し、当時日本が神風的な売り込みをしていたトランジスター・ラジオを通じてアフリカ全土の住民を昂奮させたからだと言われるくらい、誰にでもわかりやすい話です。

また当時はソ連のプロパガンダ攻勢の絶頂期で、どんな国際情勢でもタスかプラウダを引用すれば一応理論的には恰好のついたコメントになります。朝鮮戦争がなぜ起ったかはアメリカの経済を見ればすぐわかる、資本主義は不況になって行きづまると戦争で打開をはかる、というような話を聞かされたのもそのころです。

戦時中、満足に勉強の機会も与えられず、急に、整合性のある思想ですべてを説明しなければ恰好のつかない思想界、言論界として、これに飛びついた状況もよくわかります。もちろん、そうでない自由デモクラシー理論もあったのですが、にわか勉強は両方とも同じことですし、マルキシズムの単純明快さと、押せ押せムードには抗しうべくもない状態でした。

大学の答案でもマルクス思想で書けば公式が決まっていて、書きやすくてよい成績が取れますから、こうして大学ではマルキシズム全盛の時代となります。

戦後のマスコミの偏向の理由は何だろうと、ある新聞人に訊ねたところ、「マスコミ人の思想の半分まではその人が受けた大学教育の影響です」と説明してくれたことがあります。こうして、一つの時代の偏向が次の世代を再生産して、左翼偏向が日本の思想の一つの主流となります。

ところがその間日本の経済と社会は年々着実な発展をとげて、全人口の八割が自らを中流と考えるような社会を現出させます。こんなことは世界の歴史でも類例がないでしょう。フランス革命以来、人類の夢は自由と平等を二つながらに得ることにあります。この二つは、マルクスとバクーニンの論争に見られるように二律背反に近いとまで言われる面があるのですが、日本の社会はほぼこれを達成したといって言いすぎではありません。少なくとも、かつて他のどの社会が達成しえたものより高度な自由と平等のコンビネーションを達成したと言えます。

問題は、こういう社会は、日本の左翼的思想家やマスコミが目標として掲げた社会でもなく、まして努力して戦いとった社会でもなかったということ、換言すれば、こういう社会の形成に対して左翼的知識人が思想的に何ら積極的な貢献をしていないということです。むしろ国民全体が、左翼思想家、マスコミが何と言おうと関係なく、営々と働き、あらゆる内外の現実と妥協を重ねてきた結果できた社会です。

といって、いわゆる体制派の知識人も、左翼的偏向と戦うのが精一杯で、現在の日本のデモクラシーについて綜合的な理論を完成しているということでもありません。ということは、「理論」なしで「社会」ができたわけです。

これは日本的といえば日本的でしょう。明治維新も、鎖国を脱して君主制の下の近代国家をつくろうというイデオロギーが勝った結果できたものではなく、実体は尊皇攘夷といって騒いでいるうちにできたものです。日本の過去の制度の中で傑作の一つと言える鎌倉時代の武家政治も、別にイデオロギーが先にあったわけではなく、成り行きでできたものです。といって理論がないから本物でないというわけでもなく、はじめての試練でどうなるかわからないと思われた承久の乱では、その体制の強さを遺憾なく発揮しています。要は民の心でしょう。それも、世論調査表を前にして表現された民意でなく、体制に真の危機が訪れた場合、民の心がどういう反応をし、どういう結論を出すかということです。

ここから先は、純粋な客観的分析や見通しを離れて、半ばは政策論になりますが、私は、この我々が達成した民主社会に希望を託して日本の防衛論を展開するのが最も理想的ですし、また、それ自身百パーセント確実といえなくても、他の可能性――つまり、軍国主義の下で戦うか、あるいは降参して侵略者の思いなりの体制になるか——に較べれば最も現実的な可能性だと言えると思います。日本の場合、憲法の下で、軍人は、総理はおろか防衛庁長官にもなれないのですから、「軍国主義化」という場合、誰もが想定するのは国全体が右傾化することです。それならば、その唯一の歯止めは日本の民主社会全体に期待するほかはありません。

知らされた国民

ここで防衛戦略の必要があらためて痛感されます。日本の安全を守るために防衛戦略が必要なことは言うまでもないことで、防衛担当者は、それが公表されるかどうかは別として、従来とも営々として防衛戦略をつくってきているところですが、ここで言いたいのは、日本の国民のコンセンサスをつくるために戦略が必要だということです。知らされた国民(informed public)が納得して支持できるような戦略です。

何が本当の国民の声かを知るのは容易なことではありませんが、私が防衛庁在職中、講演会などで接触した一般の市民から得た印象では、いまや、防衛問題についての国民の真の関心は——あたりまえのことですが——「日本の安全」にあるようです。そして多くの人は、自分の財布の中身を考えながら、「少しくらいのことで日本が安全になるのなら……」という気持さえ表明しています。もちろんなかにはまた、自分のところはローンで一杯で余計な税金など払う余裕はないという人もいましょうが、そういう人でも、自分の直接の負担でなく日本の安全が守れるのならば、それは別に反対でないと考えておられるようです。

戦後の防衛論争では、国民のコンセンサスを得るため、あるいは国民と断定できないとすれば、国会で与野党間のコンセンサスを得るためと言えば、防衛力の「歯止め」をどこにかけるかということに焦点がありました。

しかし、どうも国民の真の関心はもはやそこにないように感じます。防衛に一定の枠を決めて「それ以上の防衛力増強はしませんから安心して下さい」と言っても国民はそれで安心しないでしょう。要は、「それで日本は守れるんですか？」ということであって、もし、その防衛力でもどうせ守れないのならばその程度のお金も出したくない、というところまで国民の考え方は現実的になっていると思います。

軍国主義への歯止めということも、人工的な基準を設けるまでもなく、こういう国民の考え方の中に、おのずから存在していると言えます。トクヴィルのいうとおり、民主社会というものは平和愛好的で、現実的な勘定高いものです。そして、国の安全のためにだけ防衛に協力します。それならば、今後日本の防衛力増強も進み、ある程度防衛力の欠陥も是正され、アメリカと協力しながら潜在的な脅威に対抗してどうやら日本の安全を守れそうだというところまでいけば、国民がもうそれ以上の軍備拡張に税金を払うことを拒否するだろうということは充分予想されます。

日本の国の権威のためにとか、そういうことで煽動してもついてくるような社会とはとうてい思えません。そういうデモクラシーの復元力に期待しうるような社会が日本においてすでに成立し、これに信頼しうるようになっているのではないかと思います。

したがって、国民のコンセンサスを得るのに最も必要なことは、「お金はこれだけしか使わないから安心して下さい」ということでもなく、また反対に「あれも足りない、これも足りない」と言って、国民に「いったいどこまでつきあったらよいのか」という感じを抱かせることでもなく、日本の安全にどういうかたちで危機が訪れる可能性があるかを具体的に提示し、それに対してどういう防衛力整備をすれば米国と協力して日本を守れるかを、納得のいくように説明して、「こうすれば最低限の安全は守れるから、ここまで協力してほしい」と言って国民の理解を求めることなのでしょう。つまりは、日本の防衛戦略の大要を国民に知らせ、国民に議論してもらい、国民が納得したうえで防衛力整備を進めるということでしょう。

石橋政嗣氏の「非武装中立論」などの考え方は、防衛力増強は「軍事大国への道」に直進する、ということです。それならば、そんなことはない、ただの口約束だけの歯止めではなく、理屈で考えてもそれ以上いきようがない、という戦略目標さえはっきりすれば、少なくとも理論的には、合意が成立する可能性さえありましょう。

その意味で、私は日本が軍国主義にならないいちばんの保証は日米関係の中にあると思っています。

結論から先に言えば、日本の防衛構想を、足が地に着いた現実主義の上にしっかりと置くということです。

かつてのようにアメリカの力が圧倒的に強かったときは、日本が少しくらい防衛を強化するかどうかということは、本当はどうでもよいことでした。そういうときに、国民に防衛の必要を説くには観念的な説明が必要になります。「自分の国は自分の手で守らねばならない」とか、「国というものは最低の防衛力はもつものだ」というような説明です。

といって日本はデモクラシーの下で戦争したことがないので、「愛国心」一つとっても、過去の伝統の中にその源をたぐると帝国主義時代に求めざるをえなくなります。その意味では、防衛費を一円増やしても、自衛隊員を一人増やしても「右傾化だ」という左翼の批判もあながち理屈がないわけでもありませんでした。

最近私が気がついたのは、近年右翼思想というものが、表面はともかくとして、実質は、とみに凋落（ちょうらく）していることです。三島由紀夫の十回目の憂国忌のころに、元楯の会の会員だった人に会いましたが、彼は、「もう楯の会の時代じゃないですね」と言っていました。「あのころは反体制左翼が跳梁して、政府は弱腰だし、我々が立ち上がらなければ……という気持でしたが、相手がソ連の脅威じゃあ、楯の会ではね……いま要るのは飛行機とタンクですからね」ということです。いまから考えてみれば、戦後三十年間の左翼思想といい、右翼思想といい、パックス・アメリカーナの下では、観念の遊戯だったような気がします。

つまりいま必要なのは、日本が直面している潜在的脅威を計算して、それに対して、有事の際日本に来援可能な米軍の力と、現在の日本の自衛隊の力を足してみて、足りない分を早くアメリカと協力して相談ずくで何とかするということです。足りないものを買うのに右翼思想もなにもありません。

そしてこういうまったく現実的な必要のうえに立った防衛ならば、必要が薄まれば、またアメリカと相談してテンポを緩めることになることは自然の成り行きです。アメリカは必要だからこそ日本の軍備を希望しているのであって、日本の軍国主義化に対する期待などはカケラもないことは誰が見ても明らかです。

こうやってあくまでも観念的な理由づけは徹底的に排除して、軍事バランスの現実の上にだけ防衛構想を築くという習慣を確立すること、これが「平和愛好的で、勘定高い」デモクラシーの防衛思想を日本に根づかせる最も自然な方法でしょう。

第七章　戦後世界の基本構造

第二次大戦の結末

第二次大戦で米国が戦争目的を達したならば、得をするのはロシアだろうということは、すでに述べたように、少なくともアジアについては、戦争前から予言されていました。

はたして第二次大戦は、ソ連にとって大変に好運な戦争になりました。

ソ連が理も非もなく強引にバルト三国を滅ぼして併合し、続いてフィンランドに侵入したころは、米、英、仏などの西欧民主主義国の世論の中では、ソ連が最大の悪玉でした。英雄的な抗戦を続けるフィンランドへの国際的同情は翕然(きゅうぜん)として集り、ソ連は国際連盟から除名されます。英仏の対ソ戦争開始はもう決定されていて、もしフィンランドの降伏がもう十日遅ければ英仏はソ連と戦争に入っていたはずです。
ところが、その後ドイツに攻撃されたおかげで、一転して、世界最強のアングロ・サクソン世界の同盟国にしてもらって、アメリカの潤沢な武器援助で戦うことができました。しかも攻撃はドイツ側から始められ、当初はさんざん痛めつけられたために、自衛戦争という錦の御旗までもらいます。ナチスに攻められたソ連の悲惨も、ソ連に攻められたポーランドや、バルト三国や、フィンランドの悲惨も同じことですが、歴史のめぐり合せで、ソ連は第二次世界大戦を英雄的戦争と呼び、社会主義を平和愛好勢力と呼ぶことができるおまけまでつきます。

そして戦争に勝ってみると、十九世紀以来ロシアの西進と東進をはばんできたドイツと日本の軍事力が姿を消していました。無条件降伏を求めた米国の政策がこういう結果をもたらしたわけです。こうなるとあとは稼ぎほうだいです。ポーランドの半分とバルト三国とフィンランド領の一部はほぼそのまま自分のもの、チェコ、ハンガリー、ルーマニア、ブルガリア、東ドイツを占領してその一部を自国領に編入し、自由民主主義勢力は一掃して共産政権をつくらせ、東では、樺太、千島、北方領土にまで進出し、空前の大帝国を築き上げます。

そして、中国では共産党が国民政府を圧倒して中国本土全土を制圧します。

そのあたりから先は、アングロ・サクソンの力の及ぶ範囲とぶつかるようになります。ギリシャ、フィリピン、マレイシアなどの共産ゲリラは猖獗（しょうけつ）をきわめますが、いずれも英米の助けを得た政府軍に鎮圧され、イラン北部に居据ろうとしたソ連軍も米英の力で撤兵させられ、朝鮮半島南部に侵入した北朝鮮軍は米韓軍を中心とした国連軍に押し戻されます。こうして、その後二十年をへてやっと決着するインドシナを除いては、ここは戦後の東西の境界線がほぼ確定します。

他方、米英側は、チャーチルの心配にもかかわらず、ルーズヴェルトがソ連の意図を甘く見て、右のようなソ連の進出を許しますが、東欧圏で冷酷無残に自由民主主義勢力を粛清していくソ連のやり方に驚いてNATOを結成してこれに対抗し、極東でも朝鮮戦争を背景に対日講和と日米安保条約ができて、戦後の東西軍事対峙の基本形ができ上がります。時あたかも二十世紀の後半に入ろうという時期で、これが二十世紀後半の国際情勢の基本形ということもできましょう。

後進地域の問題

この東西対立の基本形について、一つ未決着なのは共産圏の南部に面している地域の問題です。当時は、中東では、王制だったイラン、イラクを中心とするCENTO、東南アジアでは英仏などの旧植民地国も含めたSEATOなどもつくって、一応共産圏を条約網で包囲するかたちをつくりますが、いずれもさして実効を発揮しませんでした。これはいまになってふり返ってみれば、東西対立におけるいわゆる第三世界問題と同じことで、そうなるべくしてなったのでしょう。

同盟は力の関係ですから、弱小国をまきこんでも全体の軍事バランスにあまり影響はありません。戦略的な場所にある国の場合は基地としての意味はありますが、これも内政が安定していないと、かつてのリビアとか、最近のイランのように基地利用の安定性に問題が生じます。

結局は後進性ということです。同盟というものは、はっきりした国境があって、はっきり侵略者とわかる敵が侵入してきて戦争になる場合、発動できるものです。国境がジャングルや未画定地域だったり、少数民族が両側に住んでいて事実上国境がよくわからない場合もありますし、とくに社会、経済が未発達で内政が不安定な場合は、たとえ共産勢力が反政府運動を支持していることが明らかな場合でも、どういう時点で同盟を発動してよいのかわからなくなります。またベトナム戦争のように助けに行っても助けようのない場合もあります。

つまり、あらかじめ条件を決めて同盟を発動させるためには、その国がかなりの先進国であることが必要です。開発途上国の場合は不確定要素が多すぎるので、強大国としては、むしろ同盟などなしで、何かあったときに、その場その場の状況で考えるほかはなく、またその方が便利です。

当時の同盟の意義は、結束して反共の気勢をあげるという心理的効果（弱者との同盟は一般論として心理的効果の方が主目的です）か、あるいは米国の国内法上、米国の援助を出しやすくするという効果の方が大きかったのでしょう。

また開発途上国にとって主要な関心は、国の独立と近代化ですが、その二つのうちでどちらが重要かといえば問題なく独立の方です。その独立が共産圏から直接脅かされていないかぎり同盟は不必要です。むしろ過去において独立を脅かしたのは共産圏でなく、旧宗主国ですから、反共の同盟に重点を置くと、旧宗主国の勢力がそれを口実に居据る可能性もあるのであまり歓迎できません。ということで、いままで「非同盟」運動が、東西に不偏中立でなく東側に傾きがちだったということも、歴史的背景のあることとです。ということで、強国小国いずれにとっても自国の重大利益に関係ない同盟ですから、どうしても中途半端にならざるをえなかったわけです。その後三十年たったいまでも、後進地域は、それぞれの国の独立と内政の安定と近代化が主要関心事で、まだまだ世界の力のバランスには登場してきていません。

といって、戦略的見地からいってその重要性が低いという意味ではありません。不安定要因が多いからこそ、世界の実力者たる東西両陣営がぶつかり合う原因となる政治的社会的変動が起りやすい場所として、その国の内政、外政、経済、社会の動きをつねに怠りなく注視しなければなりません。とくに、ペルシャ湾のように、西側にとって死活的に重要な資源が偏在している場合はなおさらです。

すでに見てきたように、日清戦争の背景には日清の軍事バランスの変化を清国が見逃していたということもありますが、近因は日清両国のいずれの責任でもない韓国内の東学党の乱にあり、日露戦争の原因も、清国と韓国の国内事情の弱みにつけこんでロシアが進出してきたことにあったという例を見てもわかるとおりです。

「多極化」の意味

さて、国際情勢の基本形である二極構造の中心である米ソの軍事バランスの問題に入る前に、一時盛んに言われた「多極化」の問題についての考え方を整理しておく必要があります。

実は私は、「多極化」という言葉は、それが政府の公式文書にまでよく使われた時期であっても、できるかぎり使うのを避けてきました。

必ずしもまちがった言葉というのではありません。共産圏の一枚岩が崩れて多極化したとか、経済面で西欧や日本の復興が進んで米国と並び立つ存在になったとか、OPECが超大国の言うことをきかないのだから二極構造といえない、とかいうことは、それなりに国際情勢の一つの表現方法と思います。

ただ私があえてこの言葉を避けているのは、それが国際情勢の力関係の基本である米ソの二極構造が変ったような幻想を抱かせ、その結果、日本の国家戦略において、アングロ・サクソンとの同盟以外の選択の余地が生じたような錯覚を与えることがこわいからです。

もちろん東西関係はさきに述べたように、一九五〇年ごろに東西の境界線がほぼ決まった時期からまったく変らなかったわけではありません。とくに、もう二十年前になりますが、六〇年代初めごろ、西側ではドゴールが、アメリカに逆らって英国のEEC加盟を拒否し、NATOの軍事機構をボイコットし、共産側では中ソの分裂も顕著になってきて、米英ソは部分的核実験停止条約を結んでいるのに、フランスと中国が核の開発と実験を強行したころは、イデオロギーによる東西対立の時代は過ぎたのではないかと私自身思ったほどの変り方でした。

しかしふり返ってみるとゴーリズムというのは多極化でなく、アングロ・サクソンを中心とする超国家的考え方に対する反撥でした。

戦後の米国の世界政策は、まずソ連も含めた国際連合で世界の平和を守ろうという理想主義的国際主義で、それがうまくいかないとなると、今度は自由陣営の連帯ということで西側の軍事、経済、政治の統合を目標としました。ヨーロッパの権力政治（パワー・ポリティックス）を悪の根源と考えて、はじめはモンロー主義でこれと絶縁しようとし、第一次大戦に介入してからは、理想主義的国際主義でこれを克服しようとする米国の伝統的な考え方に基くものです。

これに対してドゴールは、国際政治の主体はあくまでも国家と民族であり、平和はその間の力の関係で維持されるものであって、超国家主義的機構などは児戯に類することか、あるいはアングロ・サクソン支配を制度化しようという陰謀だということで反対したのですが、しかし、他面、フランスは独立の国家として、独立の軍隊をもちながら北大西洋条約の一員として有事の際に共に戦うということはまったく変っていません。現にキューバ事件の際に米国の強硬措置を真先に支持したのはドゴールでした。

もしドゴールがヨーロッパの統合に反対していなければヨーロッパはその後どうなったか、これはよくわかりません。まだベトナム介入以前で、ソ連に対しても圧倒的な優勢を誇っていた当時のアメリカの威勢ですから、西欧諸国も米国につきあって西欧の統合化はかなり進んでいたでしょう。しかしそれが東西の力のバランスに影響するというわけでもなし、理想主義の一部分がかたちのうえで実現したというだけの話です。パワー・ポリティックスとはまったく次元の異る話で、いずれにしても「多極化」とは関係のない話でした。

中ソ対立

これに対して中ソ対立はたしかに国際情勢に新しい局面を開きました。

中ソ対立については、内外に優れた著作があって論じ尽された感があり、私自身も何度か論じたこともあるので、ここでは戦略論の観点からだけ考えてみますが、中国に対する現在の米国の期待は、アングロ・サクソンの伝統的なゲームであるバランス・オブ・パワーの考え方からきていると言えます。最近はチャイナ・カードという言葉が使われます。ソ連を相手とするゲームで中国を切り札として使うというほどの意味で、これをめぐって現在では米国内で、そういうことが可能かどうか賛否両論にわかれています。

十八世紀以来、英国はつねにヨーロッパで一国がヘゲモニーをとらないようにバランスをとってきました。七年戦争では仏、墺、露に対抗してプロシャを助けて、植民地戦争の宿敵のフランスに対してヨーロッパでの対抗勢力を育て、ナポレオン戦争では一時は孤立の危機に立ちますが、スペイン、ロシア、ついでプロイセン、オーストリアと組んでナポレオンを倒します。クリミア戦争ではロシアの南下をフランスと組んで抑え、そして二度の大戦では、ドイツの挑戦に対して、二度ともフランスとロシア、最後にはアメリカをまきこんで勝ちます。

つまり、自分は海をへだてて海軍力をもっているのでひとまず安心ですが、こわいのは大陸の力が一つにまとまってくることなので、つねに大陸の主要敵に対抗する勢力を助けてバランスさせようということです。

ところがすでに述べたように、第二次大戦ではそれまでロシアの進出に対抗していたドイツと日本をつぶしてしまったので、バランス・オブ・パワーのパートナーがなくなってしまったわけです。そこで、アングロ・サクソンの伝統的なバランス・オブ・パワーのチャンスがまだ残っていないかと模索すればどうしても中国に眼がいくのですが、ここで、中国はそのパートナーたりうるか、別の言葉では一つの「極」たりうるかという問題になるわけです。極という以上、力が必要ですが、それを防御(ぼうぎょ)力と攻撃力にわけて、中国が防御力がある点は誰も疑いのないところです。中国の強みは抗日戦争を通じて、その地理的特徴を利用して人民戦争の理論を完成させ、いつ勝てるかは別として、とにかく「負けない」体制をつくり上げたことです。

「負けない」ということは戦略の基本です。「先為不可勝以待敵之勝不可勝在己可勝在敵」(まず負けない体制をつくって、敵が勝たせてくれるのを待つ。自分でできることは負けないということで、勝てるチャンスは敵がつくってくれる)」という孫子の言葉どおりで、テニスで言えば自分がすることは拾って拾い抜くことで、勝つのは敵の自滅を待つことだ、という戦略です。日本の伝統戦略は攻勢一点ばりで、強烈なスマッシュとトリック・プレイで勝つということですが、これは相手のあることですから、タマには成功してもアテにはならない戦略です。

中国が負けないということは、ソ連もアメリカも最終的に中国に言うことをきかせることはできないということですから、消極的な意味では、中国はつねに独立の単位としての地位を維持し続ける能力をもっているということです。最終的には、戦争でもこい、経済封鎖でもこい、というのは大変な強みです。とくに外交交渉では、中国はどんな場合でもいそぐ必要はありません。自分の意見、原則をゆずらず頑張っていることができるわけです。

ただ同盟関係ということを考えた場合、これだけで攻撃力がないのではバランス・オブ・パワーのゲームをしようとしても、力の足し算、引き算に入れようがありません。

攻撃能力のない国というのは、同盟国としての価値は著しく制限されます。

軍事作戦上の用語に、外線作戦と内線作戦という言葉があります。包囲する側と包囲される側の作戦のちがいということです。内線の方は内側で兵力のふりまわしがききますから、なるべくある時点では一方だけを衝いて、その後にまた別の方向を衝くというふうに、各個撃破をはかります。これに対して、外線の側はお互いに連絡を密にして、そうはさせまいとします。外線作戦が成功した例は第一次大戦の協商側で、当初内線に立つドイツは、早期にフランスを撃破してからロシアを迎え撃つ作戦を立てますが、予想より早くロシアの大軍が東部国境に殺到してきたので、対仏戦力の一部を割いてこれに充て、ロシア軍の撃破には成功しますが、その結果、西部戦線を膠着させ、戦争の敗因にしてしまいます。

この軍事理論をそのままあてはめますと、アジアでのアメリカの戦略の一つの弱点は、日本は攻勢作戦をとる意図も能力もなく、中国の攻撃能力はあまりに弱いために、ソ連の側から見ると、一時的に他の正面に兵力を転用しても、そのスキに背後を衝かれる心配が少ないので、各個撃破という内戦作戦の利をフルに使えるというところにあります。

よく、中国はソ連軍の四分の一を中ソ国境に「釘づけ」にしていると言いますが、他面これもよく言われるように、中ソ国境配備のソ連軍は「防禦目的には大きすぎる」ものであって、その少なくとも一部は他の戦線への戦略予備と考えることもできましょう。とくに空軍の場合は短期間でふりまわしがききます。現在配備されているということと、それが「釘づけ」されているということは別のことです。有事の際でも、どの程度「釘づけ」されているか、別の言葉ではどの程度、対中の「抑え」が要るかは、中国の攻撃能力の函数になるわけですが、現状ではその能力は限られています。

文革で失ったもの

さて、中国が一つの極と言えるような時期は一九六〇年代前半にたしかにありました。話はあとさきになりますが、文化革命が中国に与えた損害は計り知れないものがあります。いまとなっては覚えている人さえ少ないでしょうが、文革前の中国という国はアジア・アフリカの憧憬の的でした。自力で抗日戦争を戦い抜いて中国本土を統一し、そのうえに朝鮮戦争では世界最強の米軍を相手に互角に戦ったという実績を背景にしていたのですから、アジア・アフリカの有色人種は、共産党だけでなく、各種の民族解放運動に至るまで無条件の尊敬を払っていました。それが文革によって失望から幻滅、さらには軽蔑と嘲笑に変っていったことは、アジア・アフリカの現地を体験しなくても、日本の進歩的文化人――それでも東南アジアの人よりははるかに親中国的のままでしたが――のその間の変り方を見ればよくわかります。

六〇年代の前半までは、中国はそのカリスマ的指導力をフルに利用して、名実共に世界の民族解放運動の旗手をもって任じていました。米ソ超大国に対抗する力といえば、攻撃的軍事力では誰もかなうはずはありませんが、これに対抗できる唯一の力として、一国の政治体制や対外政策を、ゲリラ戦による民族解放運動や中国の得意とする政治力の行使で、内部から変えてしまう力をもっていました。

また中ソ論争では堂々とソ連と四つに渡り合って、当時の国際共産主義運動を二分しました。とくに日本にとっては、日本共産党、北朝鮮労働党が中国側についたということは、五〇年代初めまでは両党とも暴力路線を支持していた記憶がいまだ生々しく残っていた時期でもあり、また日本の国内の経済社会状況もいまに較べてまだまだ未成熟で、日本の安全保障上、国内治安の問題の比重が大きかった当時としては、中国の影響力が、日本の自由民主社会の将来にとって深刻な脅威として映ったのも無理のないことでした。

世界の農村（後進地域）で人民解放闘争を展開して世界の都市（西側先進地域）を包囲する、という中国の世界戦略が高々と掲げられ、それがまた実感をもって受け取られたのもこのころです。現にこれをテーマとした林彪の大演説の直後に起ったインドネシアのクーデターが、もしそのまま成功していれば、インドネシアは中国系住民を一つの核とする共産国家になり、シンガポール、マレーシア、タイの共産化、あるいは少なくともフィンランダイゼーションは目前の可能性となっていたでしょう。こうして、中国が掲げる民族解放運動の旗の長い影が、東南アジア全域を蔽っていると米国が感じ、その危機感がドミノ理論となってベトナム介入の理論的心理的基礎になったような時代でした。

これがすでに述べたように、文革ですっかり神通力を失います。中国人というのは政治的天才で、すべての力を結集して政治力に転化させるのが特技ですが、それだけに、カリスマを失うと大変不自由なことになります。

まず国際共産主義運動では、あらゆる前線組織の中で次から次へソ連に追い落されて孤立していき、日共も北朝鮮労働党も中国と袂別します。

ちょうどこのころから米国のベトナム介入が本格化します。ベトナム戦争は米国自身にとっては国民の支持を得られなかった戦争として、失敗の評価が定着していますが、インドシナ以外の東南アジア、東アジアの諸国は多くの恩恵を受けた戦争でした。

経済的にはアメリカのベトナム特需が全地域をうるおし、当時まだ微弱だった外貨準備を軒並みに改善して、同地域諸国の経済的自立の基礎をつくり、現在世界で最高の経済成長を誇る地域となる一つの遠因となります。

ベトナム戦争は、経済面だけでなく政治面でも大きな影響がありました。文革による中国の威信低下とアメリカの本格的介入とが相まって、それまでは中国主導型の共産主義勢力に気兼ねしていた東南アジア諸国が国内の治安対策や、対外的には共産国との関係でもっと自信をもって行動するようになりました。独立後二十年をへて、ベトナム景気で経済も先行きが明るくなって、もうマルキシズムとか反帝国主義とかいう時代でもなくなってきていたのが大きな背景ではありましょうが、六〇年代前半までの、いつかは中国の影響下におかれるという半ばあきらめあるいは日和見ムードのあった東南アジアと、現在の東南アジアを較べると、実に隔世の感があります。ベトナム戦争中、リー・クワンユーが、ベトナム戦争は東南アジア諸国が自らの力をつけるまでの貴重な時間を稼いでいてくれる、と言ったのはその後の歴史の流れから見てまったく正確な指摘だったというべきでしょう。

こうして中国はこの間、対外的に積極政策をとる手段、すなわち民族解放運動の指導者としての地位と政治的カリスマを二つとも失ってしまいます。そのうえソ連との国境衝突事件もはさんでソ連の政治的軍事的包囲網もせばまってきます。米中接近はちょうどこの時期に始まるのですが、キッシンジャーの回顧録にあるとおり、米中接近のイニシアティヴは中国側からきたというのも理由のあることです。

実は、多極化という言葉が日本の新聞等で急に多用されるのはまさにこの時期からです。私が当時この言葉を使うのに抵抗を感じたのは、六〇年代を通じて二極構造が本当に崩れるのかどうか注視し続けてきて、いわゆる「多極化」の意味と限界がやっと見えてきたころになって、「いまや多極化の時代」とか「多極化がますます進み」という表現が巷に氾濫したのに対して、大人気ないことかもしれませんが、ついていけない感じがしたからです。

これにはキッシンジャーも責任があります。ニクソン演説のかたちを借りて、それも一度言ったきりひっこめていますが、五極構造論などというのをぶち上げています。キッシンジャーに会って直接確かめたわけではありませんが、おそらくこの演説は、キッシンジャーの中国訪問の直前の時期において、中国を一つの力の主体として米国内に認知させ、また中国に対してもシグナルを送るのが目的だったのですが、中国だけとり上げるのも露骨になるので日本と西欧を引き合いに出して五極としたものでしょう。

そこまでは別にかまわないのですが、当時日本ではこれで戦後の二極構造が終り世界史の転換期がきたとか、だから日米安保体制の軍事面はもう弱めてもよいとか、また中ソが対立しているかぎり日本の安全は大丈夫だとかいう議論が盛んに行なわれました。それが誤りだったことについては、いまとなればもうあまり反対論もないと思いますが、私としては、ここで日本が再び、一時の熱に浮かされて、国際情勢の基本構造を見失うという二十世紀前半の錯誤をくり返す可能性があることをおそれたわけです。一度極東の二極構造を見失ってしまうと、一九三〇年代のように、アジアを足場にすれば日本は何とかなるというところまでは、もう紙一重の差になります。

いずれにしても、現在の中国は攻守両方の力をもち、アングロ・サクソンの伝統的なバランス・オブ・パワーのパートナーになれるような一つの極というにはほど遠い状態にありま す。といって、中国の力は無視してよいどころか、中ソ対立の軍事的意味を知ることは極東の軍事バランスを理解する鍵でもあります。

中ソ対立の軍事的意義

次頁の図は中ソ国境に配備されたソ連の師団数です。もとより推定値ですし、個々の数字についてはいろいろ異論もありうるのですが、全体の趨勢として、(1)六〇年代後半（図のよ

中ソ国境ソ連師団概数推移表

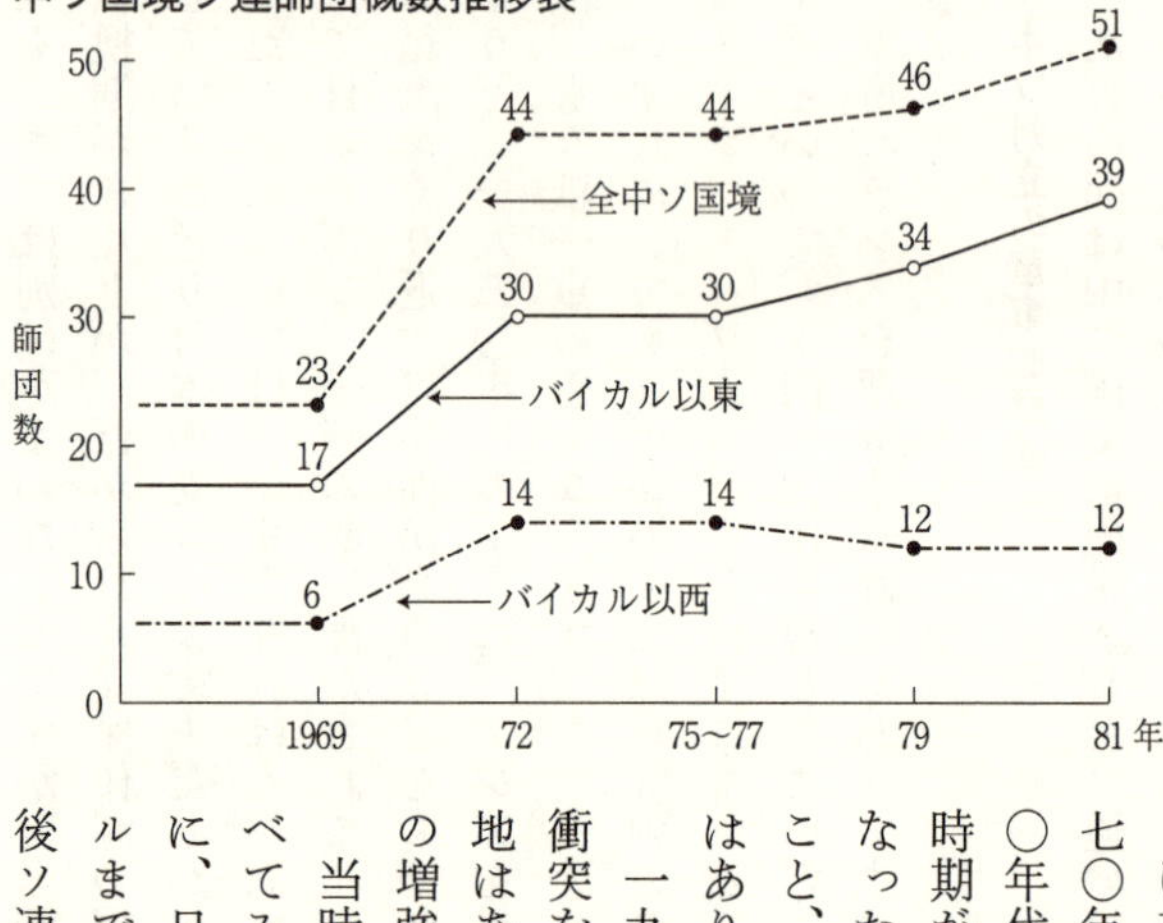

うに六九年と断定することには異論がありえます）から七〇年代初めにかけて急激な増強があったこと、⑵七〇年代半ばごろ数年間、師団数のうえでほぼ安定した時期があったこと、⑶七〇年代末からまた増加傾向となったが、この増強はバイカル湖以東に集中していること、の三点については、どの専門家もまったく異論はありません。

一九七二年までの増強が、六九年のダマンスキー島衝突をはさむ中ソ対立を反映していることは疑いの余地はありません。三年ぐらいのあいだに二十一個師団の増強というのは並大抵のことではありません。

当時のソ連の一個師団をいまの日本の一個師団と較べてみると、戦車の数で三倍（現在は四倍強）で、他に、日本の師団にはない数百輛（りょう）の装甲車と核ミサイルまでもっているのですから、大変な費用です。その後ソ連師団の装備はアメリカ師団の装備に追いつきつつありますが、アメリカが全部で現役十六個師団、予備役八個師団しかもっていないことを考えると、その負担の大きさがわかります。しかも六八年にはチェコ事件で五個師団増設しています。

おそらくは、いくらソ連でも七二年に全部完成はしていないでしょう。北方領土の師団設置の経緯から考えても、一応師団を設置してから、必要な施設の建設や装備の充足などはその後も続けられたと推定されます。おそらくはそれが、七〇年代半ばの師団数の動きの少ない時期に反映されているのだろうと思います。

問題は、七〇年代末以降の増強が何を意味するかということです。気になるのは、北方領土への配備も含めて、増強が太平洋岸に近い方に重点があることです。他の軍種を見ますと、空軍については、どこの国でも最近の傾向は同じで、数はあまり増えずに質的改善が中心で、極東ソ連空軍の質的改善もここ二、三年がとくに著しいのですが、機種別の増強ぶりを説明するのは繁雑なので省略します。

海軍の場合は傾向がもっとはっきりして、七〇年代後半以降のソ連太平洋艦隊の増強ぶりは著しいものがあります。七〇年代半ばまではまだまだ旧式艦艇や小型艦艇が中心で、百二十万トンくらいだったのが、ミンスク・グループの回航に見られるように新型艦艇を続々と増強していまは百六十万トンくらいになっています。やはり沿海州への集中、北方領土への進出、海軍の大増強を見ると、目標が中国だけでないことは明らかといえましょう。

さらにグローバルに見ると、国際情勢の変化とも相まって、七〇年代の半ばから、ソ連はアンゴラ、モザンビーク、アデン、エチオピアに進出し、またカムラン湾、ダナンも使用するようになり、NATO正面でも、七〇年代半ばは停滞気味だった装備の更新が、七〇年代末にかけて一挙に進みます。

ということは、中ソ国境の手当てが七〇年代半ばまでで一応すんで、その後は全世界的に、またあらゆる装備の種類にわたって、全面的に拡張することが可能になったと考えるのがいちばん自然でしょう。全世界的といいながらも、そのなかで極東の太平洋岸への比重がやや高いようですが、それは太平洋艦隊の管轄に属するペルシャ湾、インド洋、南シナ海の戦略的重要性の増大、潜水艦発射の戦略核の射程が伸びたことによるオホーツク海の重要性、それからソ連の発言に明らかに見られるように、七〇年代半ばまでは極東の脅威は中国だけと見做(みな)していたのに、七〇年代末以降は、米中日の共同の脅威を意識するようになってきたという事実などが理由でしょう。

そこで、中ソ対立の軍事的意義は何かとまとめていえば、少なくとも二十一個師団増設の負担をソ連に課したことだといえます。これを時間に直せば、自由陣営は少なくとも三年、おそらくは五、六年稼いだといえます。

ソ連の軍備拡張というのは過去二十年来、一本調子です。とくにベトナム戦が本格化してからは、ベトナム戦費を除く米国の軍備は実質で低落かせいぜい横這いだったので、たちまちに米国を追い越して、さらにどんどん差を拡げていったのですが、七〇年代前半はその増加分の大部分が中ソ国境に行ってしまったので、ソ連の軍備費の大幅増強にもかかわらず、西欧も日本も、ソ連の圧力の増大を少しも感じないですみました。この時期がまさにデタント時代です。軍備費増強の大部分を中ソ国境に注ぎ込まねばならなかったソ連が米国とのデタントを欲し、国境に新たに二十一個師団を配備された中国が米国とのデタントを欲したのも、また当然の成り行きです。また当時、中ソ対立が続くかぎり日本は安全と感じた人がいたのもまた不思議でもありません。

しかし、ソ連も無限に中ソ国境ばかりに兵力を注ぎ込むはずもなく、やがて中ソ国境の手当ては一応充分ということになります。つまり、中ソ対立の軍事的意義ははなはだ大きなものがあったのですが、西側諸国は、もうその当初の利益は使い切ってしまったといえます。現在、米国をはじめとして自由諸国はソ連の軍備増強の趨勢に危機感を感じて、いずれの国も総予算がほとんどゼロ成長の中で防衛費だけは大幅に増加させていますが、もし中ソ対立がなければこの危機感は五年早くきていたでしょう。つまり、中ソ対立のおかげで日本を含む西側諸国は五年間デタントの夢を見られたわけです。この点は中ソ対立に感謝すべきですが、こうしてすでに得た利益以上に、今後も利益を享受し続けるわけにはいきそうもありません。

中ソ和解の影響

そこで最後に問題になるのは、いまでさえソ連の軍事力の圧力に辟易しているのに、もし中ソが和解したならばどうなるだろうか、その可能性はどのくらいあるのだろうか、そして政策論としてそれを妨げる方法があるのだろうかということです。

この問題は、過去十年間世界各地の専門家のあいだで、ソ連問題を議論しても、中国問題を議論しても、必ず出てくる問題で、しかも結論は出ていません。大方の見方は中ソ和解があったとしても元の一枚岩にならないだろう、ということです。

もちろん細かい論点をつめることも必要です。中ソが和解しても、日本に対する場合、陸軍はもともと揚陸能力に限界があり、海軍はもともと中国向けとはいえないので、空軍の問題だけ考えればよいとか、問題はむしろ日本でなく、一九五〇年のように中ソ協力して北朝鮮の後についたときの韓国に対する脅威や、六〇年代のように中ソ両方がベトナムを支援した場合の東南アジアに対する脅威であろうというような分析です。

しかし、ここでは全体として中国の軍事力をどう考えるかという私の考えを述べたいと思います。

中国の軍隊というものは、ソ連に対してはほとんど攻撃力をもっていません。得意とする人民戦争は、「人民の海」の中で「魚」として戦うから意味があるので、シベリアに出かけたのでは魚が陸に上がったようなものです。また、ここ二、三年来、米国の軍事専門家が相次いで中国を訪問していますが、装備があまり旧式なので、一朝一夕でどうなるものでもないという印象をもって帰ってきています。

ところで旧式の武器をどう考えるかについて、マハンはその海軍戦略の中で「旧式の軍艦というのはリザーヴ（予備）と考えればよい」と言っています。マハンが「海軍戦略」を書いた当時は英独建艦競争の真最中です。英国が開発したドレッドノート型戦艦があまりに優れているために、日露戦争で活躍したようなそれまでの戦艦が一挙に旧式になって、海軍戦力がドレッドノート型戦艦の数だけで測られるようになり、ドイツがその工業力をフルに使ってドレッドノートをつくり、急速に英海軍の優位を脅かしていた時代です。このときに、マハンは何も心配することはない、ドレッドノート型戦艦同士が戦争してお互いにつぶし合えば、その後は英国の旧式の大艦隊が海上を制しうると言っています。

ソ連は旧式の武器をいつまでも保存する癖がありますが、ソ連海軍育ての親のゴルシコフ元帥はマハンの影響を受けていると言いますし、そういう考えもあるのかもしれません。

また、こういう考えは日本にはなかった思想です。日本は決戦思想で一発勝負ですが、アングロ・サクソン風の考えでは勝負というものは五分が普通、勝っても負けても六、四か四分六で、そのあとを有利なかたちにもっていった方が勝ち、という考え方です。こういう戦略で戦争されたのでは、太平洋戦争で日本がマリアナやレイテで決戦を求めれば求めるだけ日本側が損耗して、敗戦が早くなるだけで、生産力にまさる米国に勝つチャンスはまったくなかったわけです。

ところで、私はこの原則が中国の軍事力にあてはまると思います。中国は旧式ですが、林彪が営々としてつくった五千機の作戦機が北方戦線で使えるといわれます。これは新型の極東ソ連空軍二千機の前には蟷螂（とうろう）の斧（おの）かもしれませんが、もし極東でソ連と米国が衝突して、たとえソ連が戦闘に勝ったとしても、その作戦機の数がはなはだしく減耗したあとでは、無傷の五千機というのはおそるべき脅威になります。

つまり、中国の存在は、極東でソ連が大規模な減耗を伴うような作戦を行なうのに対して抑止力となっているわけです。もちろん、中国の潜在戦力を同時に破壊するという戦略をとることはソ連の力で充分可能ですが、ということは、太平洋岸でソ連が大戦争をするためには中ソ国境の戦線も同時に開かなければならないことになり、それ自体がソ連の決断に抑止的効果があることになりましょう。

ところで極東で米ソの力が――シナリオにもよりますがおそらく日本の力も――はなはだしく減耗したあと、余力をもった中国がどうするかは中国自身が中国の国益にしたがって決めることで、いまから期待も予想もできません。しかし、中国の力はほとんど陸軍中心で、戦闘機も足が短く、渡洋攻撃能力にはほとんど見るべきものがないという現状では、長い国境線を有するソ連の方が、はるかに大きい脅威を感じることとなりましょう。

ということで中国の力というものは、極東の戦略において、戦争の当初よりも戦争の結果までヨミ通して見ると、きわめて重要な要素だといえます。

しかし、政策論に立ち戻ると、対中政策上積極的にできることは限られてきます。一時盛んに言われたように、中国の軍隊を近代化してソ連に対する抑止力としての効用を高めようという政策は、いまは米国でも支持する人は少なくなっています。近代化が一朝一夕でできることではないという認識が拡がったことによるものですが、私の議論ではもともと戦略的予備としての効用を考えているのですから、少しくらいの近代化はあまり意味はありません。

私は従来から、中ソ和解はありえないと断言する論者ではありません。むしろ、国家関係というものは変転極まりないものですから、ある時点で、国際政治において中ソが共通の利益を見出すことがあってもけっして不思議とは思いません。しかし、そういうことがあっても、中ソが一枚岩になる可能性、あるいはもっと限定していえば、中ソ国境のソ連の力の大部分が、もう中国は心配ないということで他に転用可能となるようなかたちでの和解はないから、それほど大きな事情の変化はないだろうと思っています。

その理由は、中国が中華帝国の伝統をもっていて他人の言うことをなかなかきかない国だという歴史的背景からもきますが、力の関係からいえば、すでに述べたように中国が完全な防禦能力をもっているという事実からきます。力で脅かされても、それなら戦争してみろと言われるとそれまでですし、経済で脅しても、どっちみち自力でやっていくほかはないと言われると、中国に言うことをきかせる決め手はありません。こんな強みをもっている国は米ソ以外ほかにはありません。つまり中国は完全に自主独立の国で、自分の国益にだけしたがって行動する自由をもっているということです。ふり返れば、日清戦争の敗北とその後の半植民地化の屈辱をへて、ほぼ百年たって、いかなる国の下風にも立たない中華の国に戻ったということでしょう。

国の原則や基本的政策を犠牲にしなくてよいのですから、他の国と一枚岩とか、まったく同一歩調ということはありえません。中国の国益に合致する場合だけの同盟関係でよいわけです。ということですから、たとえ中ソの同盟が復活しても、それは国家利益に共通の利害関係があるあいだだけで、力関係の変動があればいつまた変るかわからない同盟ですから、国境をガラ空きにするわけにはとうていいきません。むしろ同盟を維持するためにも、国境における軍事圧力を継続する必要のあるような同盟である可能性も大きいでしょう。

これは、現在あるいは今後の、米中関係や、中ソ関係がどうだったかということとほとんど関係ないことと思われます。中国という特殊な大帝国と国境を接し、しかもそのヒンターランドを征服したという歴史的な負い目をもったロシアの宿命というべきものでしょう。

またそれはアメリカにとっても同じでしょう。アメリカは中国と確立した同盟関係にあるわけでもなく、また同盟を結んで運命共同体となるにはあまりに国情がちがいすぎて元来不可能です。まして、米ソが極東で消耗戦をして極東の力関係がすっかり様変りしてしまったような状況において、中国がいかなる態度をとるかを、いまから期待することはとうてい無理です。

つまり、中国というものの現実を直視して、中国をあるがままのものとして考えるしかないということです。中ソ対立によって七〇年代前半の五年間を稼がせてくれたことも事実ですし、将来にわたって、戦略的予備兵力としてソ連の行動の抑止要因となっていることも事実です。しかし、それ以上に中国を利用しようとしても、言うことをきいてくれる国でもありませんし、そんなに急に近代化できる戦力でもありません。またいずれにしても中国が西側に貢献している力の程度は、ソ連の厖大な軍事力に較べて小さなもの（マージナル）――この点は英、独、仏、日本、皆同じです――で、軍事力の上では極というほどのものではありません。

とすれば西側の戦略は、中国の戦略的価値をあるがままに認識して、中ソが若干接近したからといって動揺することもなく、中国が西側にかなり傾く時期があってもその戦力に過大な期待をもたず、そのつどそのつどの中国の国益と西側の利益との調整を地道に行なっていくことであろうと思います。

最後に一つ、「中国は弱みのない国だ」という私の意見を中国人に話したところが、その人は「実は弱みができてしまった」と話してくれました。「何だ？」と訊くと、苦笑しながら、「国民が生活水準を高めようという願望、これだけにはもう勝てない」と言っていました。いかにも含蓄のある言葉で、今後の日中協力関係の方向についての一つの示唆となりましょう。

第八章　核の戦略

前代未聞の戦略論

「……ある種の戦略的考え方が育ってきた。その考え方を育てるには、私も、また、この会議に出席しておられる皆さんの多くも責任がある。その考え方は、戦略的な状況をある一定の状態のままに維持すること（改善しないこと）に軍事的価値があると考えることであり、驚くべきことは――歴史に残るくらい驚くべきことは――危険（ヴァルネラビリティー）な状態にあるということが平和に貢献し、安全（インヴァルネラビリティー）な状態にあるということが戦争の危険を冒すという理論が生まれたことである。

このような理論は、歴史の上で力と力の関係というものに一度も直面したことのない国

（アメリカ）においてのみ、つくられ、かつ、ひろい支持を得られるものである。あるいはあえて言えば直面している危機の意味するものから眼をそらせ、もっと安易な方法を求めている国においてのみ、起りえたことである」

これは一九七九年九月、キッシンジャーがＮＡＴＯの将来についてブラッセルで行なった講演の一部です。

これだけではわかり難いでしょうから説明します。いまから二十年前、六〇年代の初めごろにアメリカは、ケネディ、マクナマラの下に大幅な防衛力増強に乗り出し、また、Ｕ－２機や人工衛星による偵察能力の強化のおかげで、ソ連の実力もほぼその全貌が明らかになり、それまではスプートニクの成功とフルシチョフのプロパガンダに幻惑されてミサイル・ギャップなどと言っていたのが、それほどのこともないことがわかってきて、ソ連に対して圧倒的な優位に立ち、またそしてその圧倒的優位の下でキューバ危機を迎え、アメリカに一喝されただけでソ連はすごすご引き下がります。そのときのことを、キッシンジャーは同じ演説の中で次のように述べています。

「キューバのときは政策当局者達は世界終末の大戦争（ハルマゲドン）の近づくような意識をもっていた。しかし、いまとなってみると、政策の決定があんなにも容易だったことを想い出してノスタルジーにつつまれる。あのときはソ連は七十基の長距離ミサイルしかなく、液体を注入するの

米ソ核戦力推移表（1980年度までは「1982会計年度米国防報告」より）

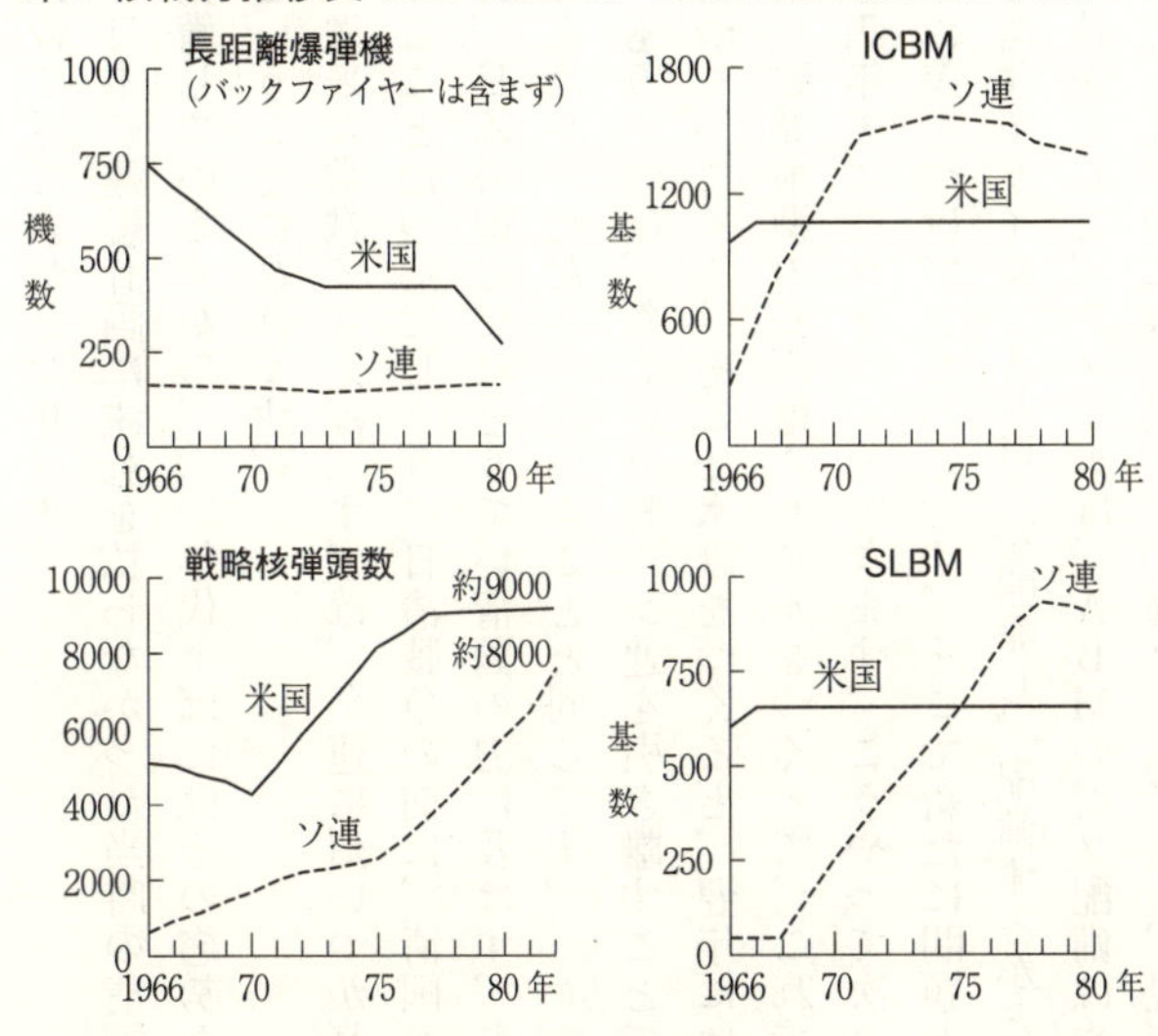

に十時間かかった。十時間あればアメリカの前進基地から飛び立った航空機が発射前にその場に到達しえた」

たしかにアメリカは必勝不敗の態勢でした。そこで、ソ連はキューバの屈辱以来、遺恨十年一剣を磨くということで大軍拡に入ります。結果としては、図のとおり、一九六九年にすでにＩＣＢＭ（大陸間弾道弾）の基数で米国を抜き、一九七四年にはＳＬＢＭ（潜水艦発射弾道弾）の基数で米国を抜きます。戦略核の弾頭数では、米国が先に多核弾頭を開発したのでいまでも優位を保っていますが、七五年以来ソ連も多核弾頭を開発して急速に追いつきつつあります。この間の経過は、日清戦争前の日清間の建艦競争との比較(アナロジー)で見てきたとおりです。

日本の建艦計画に注意を払わなかった当時の清国とちがって、アメリカは情報分析能力は完備していますから、六〇年代半ばにはその趨勢をはっきり摑んで、これからどうしようかということになります。

従来の常識で言えば、まずは、ソ連に追いつかれないようにミサイルの質と量を改善し続けることだったでしょう。日清戦争の前に、清国が従来どおり毎年一艦ずつ買い足していけば、日本の国力ではとうてい清国の力に及ばず、日清戦争で清国が負けて半植民地化することもなかっただろうということと同じです。

もう一つは、新しい分野でソ連を引き離すことです。原爆をつくると四年後にソ連が原爆をつくってくる。そこで水爆をつくると、翌年にはソ連が水爆をつくって追いついてくる。潜水艦発射型の長距離ミサイルをつくって、これでもう第二撃能力は完全だと誇ると、ソ連も四年後にこれをつくってきます。こうやって次々に新兵器をつくっていつもソ連とのあいだに差をつけてきたわけです。そこで新たに問題となったのが、相手のミサイルを空中で撃ち落すミサイル（ＡＢＭ）を開発し、配備するかどうかということでした。

結論として、アメリカは、ＡＢＭの対ソ配備はやめて研究開発を続けるだけにします。もちろん技術的にも克服すべき種々の点があり、現在もっている技術だけで開発配備すると大変な費用が要るということも、この決定の一つの理由ではあるのですが、その裏にある戦略理論として相互確証破壊理論（MAD）があります。

この相互確証破壊理論と平和共存論というのは戦後の世界の核戦略思想の最も大きな流れ——主流と言っていいでしょう——をなすもので、多くの理論、政策がここから派生するので、まとめて説明しますと、次のとおりです。

平和共存という考えは、天才フルシチョフの発明と言ってさしつかえありません。共産党というものは中世の神学のように教義問答（カテキズム）でつじつまが合ってなければならないので、平和共存のもともとレーニンのどこからか引用をしているようですが、マルクス・レーニン主義の正統的解釈からは無理な話のようです。マルクス・レーニン革命を達成したばかりと信じ込んでいた中国が、中ソ論争で噛みついたのも当然です。フルシチョフによれば、「現在の条件下では平和共存以外に出口はない。一つは平和共存の道であり、他の一つは歴史上、最も破壊的な戦争への道であって、第三の道は存在しないからである」ということです。

もっとも西側の専門家のあいだでは、平和共存はもともとプロパガンダであって、ソ連の戦略は、核兵器を含めてのいわゆる「戦勝戦略（ウォー・ウィニング・ストラテジー）」を採用しているのではないかという説があります。つまり、中ソ論争当時における中国側の立場に立って、核戦争の下でも正義の戦争を闘い抜き、それに勝ち抜くという戦略です。ソ連の民間防衛というものはアメリカに較べてかなり発達していて、戦争になると、戦争指導者や、戦争を維持するために必要な産業や技術者などは、地下の核防護シェルターにそっくり入るように計画されていることや、さっそくＡＢＭを開発、配備したことなどから、ソ連はすでに核戦争をも辞さない「戦勝戦略」をその戦略として採用しているのではないか、というのが従来からも専門家のあいだでひろく言われていたところです。

それはさておき、平和共存論に対応するものがフルシチョフと同時代人であるケネディ、マクナマラの相互確証破壊戦略です。

簡単に説明しますと、アメリカはソ連から核の奇襲を受けても、生き残った核戦力でソ連に「堪え難い」打撃を与えることができる。ソ連も同じような能力——第二撃能力と言います——をもつとアメリカから攻撃しても同じことだから、結局、戦争をするということはどうやっても相互に「堪え難い」打撃を受けることになるから、お互いに戦争ができなくなって平和が保てるという戦略です。

ところが相互確証破壊戦略を文字どおりにナイーヴに解釈すると、ＡＢＭは、ＩＣＢＭを途中で撃ち落してしまうわけですから、戦争を「堪え難い」ものにしないですむ可能性が出てくるから平和に反するということになります。それもあって、アメリカはＡＢＭを配備しなかったのですが、これがキッシンジャーの言う「安全でないことが平和を守り、安全であることが戦争に導くという前代未聞の理論」であるわけです。

アメリカの戦略思想

戦後の日本には戦略論というものは存在しません。あるのはアメリカの戦略論の翻訳・紹介だけでした。戦後の日本の思潮の中における軍事問題アレルギーもその一つの理由でしょうが、その最大の理由は必要がなかったからでしょう。戦後長いあいだアメリカが圧倒的に強かったので、アメリカとの同盟さえしっかりしていれば日本の安全を脅かすものはありえず、日米安保条約を結ぶということで国家戦略論が完結しえたからです。ですから、必要なのは安保論争だけで、戦略論争は日本では必要なく、アメリカまかせでよかったわけです。

したがって、情勢が最近のようにきびしくなる前では、「戦略論」に対する日本の関心といえば、日本の戦略とは直接の関係はなくても、世界がどういう考えで動いているのか全然知らないというのも心もとない話だということで、「情報」としての関心でした。したがって、戦後の日本の戦略研究というのは米、ソの戦略論の翻訳・紹介がその中心だったのも当然の成り行きでした。

そのなかでソ連の戦略といっても、アメリカほどあけっぴろげでないので、ソ連の公式テキストを読んでも隔靴掻痒（かっかそうよう）の感がありますので、結局はアメリカの戦略論の紹介ということになります。

いままでの軍事アレルギーのはげしい日本の環境の中で、米国の戦略論を正確に紹介してこられた諸先輩の努力には無条件の敬意を表するものですが、いざ今後の日本自身の戦略という観点から、日本の安全の柱である米国の戦略を考えねばならないとなると、あらためて冒頭のキッシンジャーの指摘にあるような、アメリカの戦略にある一種のナイーヴさが気になってきます。

こうしてアメリカの戦略論の意味とその背景について、しっかりした批評眼をもつことが、今後の日本の戦略的思考の中でも重要となってくるのですが、これは言うべくして簡単なことではありません。

その理由の第一は、アメリカが情報を独占していることです。第二次大戦以来の新しい武器の技術はほとんど全部アメリカとソ連が開発してきたもので、他の国はこれがアメリカによって公表されるまで殆ど知らされていません。人工衛星などの偵察技術の独占もこれに加わって、米国の政府やこれと深い関係にある専門家の発言は、ひょっとすると未公表の新しい事実のうえに基いているのかもしれないと思うと、その権威に容易に挑戦できません。

この情報の独占とからみ合ってくるのは、核兵器と大陸間弾道弾という画期的な新技術が導入されたという事実です。戦略にかぎらずあらゆる分野におけるアメリカの思想には、歴史に溯って考えるという発想が欠如しているという特徴があるのですが、こういう新技術の導入によって、「世の中はすっかり変ってしまった」という議論が強い説得力をもってくるようになります。

十九世紀から二十世紀の半ばくらいまでは、ヨーロッパや中国などの旧大陸のインテリのあいだには、アメリカの考え方と言えば、素朴、ナイーヴ、未熟、粗雑として一笑に付する習慣がありました。しかし、そのアメリカがこれだけの圧倒的な力をもち、情報を独占してくると、いつまでも、そうも言っていられません。ドゴールは、終始、アメリカの外交と戦略のすべてを鼻で嗤ってきましたが、そのドゴールの衣鉢をついだ現実主義者ジスカール・デスタンは、イランの人質事件の際の経済制裁について、「いざとなったらアメリカの言うとおりにするしかない。たとえ、それがまったくまちがっていてもだ」と言ったと伝えられています。やはり国力の強さというものは絶対的なものです。

もう一つは、第二次大戦後アメリカの思想が指導的役割を果している世界におけるリベラリズムというものの権威があるからです。しかもリベラリズムというものが本質的に悪いものではなく、アメリカがどこかで誤りを犯したとしても、世界の人から依然としてお人好しで悪意がないと信頼されていることの源泉でもあり、アメリカの対外政策の伝統の中に、すでに述べたモラリズムと同様にリベラリズムがあることは、与件として考えねばなりません。

最近の例として、マンデルバウムという人の『核問題』という本があります。ハーヴァードでもテキストとして使っている本ですから、米国の思想の、少なくともリベラルな思想の、代表的な本の一つと言えます。この本は、核問題についてリベラルな外交が成功しなかったことは認めながらも、「伝統的外交」に代わりうるもの（オールタナティヴ）としての「リベラルな外交」の主たる目的は国際機関によって平和を維持することだと明言して、「これは『リベラル』という名に価する。なぜならば、人類は進歩するものであり、政治的変革によって問題を解決することが可能であるという、リベラルな思想に特有な楽観主義の上に立つものであるからである。また、それは議会制度という、リベラルな制度にならった世界政府を想定する点でもリベラルであり、さらに欧米のリベラルな諸国民のあいだで人気（ポピュラー）があるという意味でもリベラルである」と断じて、その本の中のあちこちで、それぞれの政策がリベラルであるかどうかを重要な価値判断の一つにしています。

まさにドゴールが鼻で嗤ったアメリカのナイーヴさをそのまま開き直って是認した議論です。**Tous se changent, tous restent la même**（すべては変るが、結局は同じ）、あるいは**Nothing new under the sun**（世の中に新しいことなどはない）という保守主義に対して、「もう二十世紀で十九世紀ではない」とか、世の中は改善しうるのだ、という楽観主義です。そして、その系として、少しでも世の中がリベラルな方向に進めばよいこと、進まなければ悪いこと、というふうに考えるわけです。

核戦略を議論する教科書で、物事の判断の基準として真先に掲げられているのが、リベラルであるかどうかというようなことで、それでいったい大丈夫だろうかと他所事ながら心配になりますが、考えようによっては、ここがアメリカのふところの広いところなのでしょう。

アメリカでも専門家の中にも、リベラリズムの跳梁にうんざりしている向きもあります。軍事問題の最高権威と言えるハンティントン先生は、アメリカのリベラリズムのもっている三つの要素、すなわち⑴国際問題に対する無関心、⑵国内的解決方法を国際問題にあてはめようとすること、⑶国際問題について（国益を離れて）客観的公正になろうとすること、が米国の外交の能力を低くしていると言っています。

このそれぞれについてのハンティントン先生の説明を要約しますと、アメリカを源流とする日本の戦後リベラリズムの問題点も同時によくわかりますので紹介します。

まずリベラリズムというのは国家権力に対して個人の自由を守ることに主眼があり、国際問題、とくに国の防衛を考えるにはあまり役に立たないということです。これはまさに日本の戦後民主主義の特徴でもありましょう。自分の国の国家権力には英雄的に抵抗しようとしますが、侵略国の権力には抵抗するのかと聞かれると返答に困ってしまう、というところに典型的にあらわれています。

それからアメリカが独立と十三州の統合で成功したことをそのまま国際政治にもちこんで、世界中が民主主義的政体になること、自由貿易、後進地域の工業化、国際裁判、戦争の非合法化などの努力をすることが、アメリカの外交の中心課題となってきたと言っています。この傾向も、日本の国際政治学の思潮に深い影響を及ぼしています。国連中心主義というのも、アメリカのリベラリズムの影響の濃い思想です。

第三に、リベラルな考えを徹底させると、すべてに公正客観的でなければならないので、すべての国際問題をまるで他人事のように（自らの国益に関係なく）考える傾向があると言っています。これは、国際問題に関する日本のマスコミの論調にほとんど普遍的にあてはめられましょう。まるで、地球上の出来事を自分の安全に何の関係もない火星人から見たように、「客観的」にです。

核の「相互抑止」などは典型的なリベラルな考えです。ソ連がヨーロッパ正面に圧倒的な優勢な地上軍を集結しているからアメリカの核で抑止する——これは常識で誰でも納得する考えです。しかし、「相互抑止」ならば、アメリカも抑止されていなければならない、だから、ABMの開発配備を遠慮する——となってくると、何となく、それでよいのかな、という落ち着きの悪い感じがします。この考え方の弱点は、いろいろな人が指摘しているように、ソ連側も同じような人の好い考え方をしているという保証がまったくないところにあります。

現に、レーガン政権の考え方の中には、この落ち着きの悪さを軍事的合理性で決着をつけようという傾向があります。

　このリベラリズムの問題に加えて、アメリカの「戦略」についてはより細かい話になりますが、アメリカの政治体制から発する問題もあります。

　アメリカの政治は、もとより大衆民主政治ですが、大衆とのあいだに媒体としてマスコミを含む各種のPR機関が重要な役割を果すので、そのためのキャッチ・フレーズが使われます。ということで、新しい政権や、新しい国防長官が就任すると、異ったキャッチ・フレーズの下の政策が打ち出されますが、その内容はあまり変らないことが多いようです。ダレスの大量報復戦略をマクナマラが柔軟反応戦略に変えて以来、カーター政権のブラウン長官の

　相殺戦略(カウンター・ヴェイリング)に至るまで、カウンター・フォースとか、ターゲティングとか、いろいろな呼び名の戦略が打ち出されていますが、内容はそう変りません。とくに国防予算の中身にどこまで反映されているかというと、二、三の場合を除いて、ほとんどの場合関係ありません。

　こういうことはどこの国の大衆政治でも同じです。日本でも故大平総理のときに環太平洋構想、三木外相のときにアジア太平洋構想、などが唱(うた)われましたが、これも、もともと、アメリカ、カナダ、オーストラリア、アジア諸国などとは仲よくしていることの延長で、それ自体は結構なことですし、日本が国際的な社会運動(コミュニティ・ムーブメント)に積極的な姿勢を示しているという

ことで、アメリカのリベラリズムにもアッピールするという対米政策上の利点もありますが、太平洋が大事だからといってブラジルよりもチリーを大事にするということもありません。デモクラシーの下における「新しい国家戦略」というものはこうした性格のものがどうしても多くなります。

むしろ、やることがあまり変らない方が、「危っかしくない」という点ではまだしもよい方で、本気でこういう戦略を実施しようとすると、いろいろ問題が生じます。とくにアメリカでは、一面、そういう思い切ったことができる政治的体質があり、それだけに危険もあります。

とくにマクナマラは、すべての政策について、日本のような下からの積上げ方式でなく、上からの明白な政策的指示をガイドラインとしたうえで、電子計算機で合理的な費用対効果計算をはじいて、贅肉（ぜいにく）と思われるものを片端から切って捨てました。これがいわゆるＰＰＢＳです。核抑止については、第二撃能力の残存性（サヴァイヴァビリティー）が肝要だということで、液体を注入するのに時間がかかるタイタンＩＣＢＭや、前方展開されて攻撃を受けやすいジュピターなどのＩＲＢＭの廃止を提案していますが、いまとなると、超重量ＩＣＢＭをソ連だけがもっていることが新しい戦略問題となり、また、ソ連のＳＳ－20に対抗して、戦域核兵器の欧州配備が必要となっています。また、費用対効果の考え方の延長として、ベトナム戦争に、そのつど必要な分だけということで兵力の逐次投入を行なったことなど、どれ一つをとってみても、あとになって考えてみて、完全によかったという結論は出し難いものばかりです。

戦略核バランスの現状

さて、こういう「戦略」の中をくぐり抜けながら整備されてきたアメリカの核戦力と、遺恨十年一剣を磨いてきたソ連の核戦力とのバランスの現状はどうなっているでしょうか。結論は、一言で言えば現時点では、どちらが強いか優劣をつけ難いということです。つまりほぼ同等（パリティー）だということです。

ソ連はすでに見てきたように、ＩＣＢＭとＳＬＢＭの基数でまさり、また、核弾頭の爆発力の総計でまさっています。アメリカは、核弾頭の数でまさり、また各種のクルーズ・ミサイル等の新兵器でまさっています。

アメリカの核弾頭の数が多いのは、実は、アメリカが優位を保とうという政策をとったからでなく、偶然の結果と言えます。ソ連がＡＢＭを開発、配備したとき、アメリカは対ソＡＢＭを配備しなかったことはすでに述べました。相互抑止理論では、相互に堪え難い打撃を蒙る（こうむ）ことが平和の前提ですから、ＡＢＭなどは邪道で、むしろ、ＡＢＭを突破する兵器をつくるべきだという考えで出てきたのが多弾頭（ＭＲＶ）や、それがさらに進んだ型である個別誘導多目標弾頭（MIRV）です。一つのICBMの中に弾頭がいくつも入っていて同時に落ちてくるわけですから、ABMで撃ち落し切れなくなるという考え方です。一八七頁の図で見ると、アメリカの弾頭数が七〇年ごろから急に増えてソ連を引き離し、ついでソ連が七五年ごろから急に増えてアメリカに迫っているのはそれぞれ、MIRVを大量配備し出した結果です。この点はアメリカの「戦略論」の予期しなかった功名でしょう。もしMIRVを開発していなければ、アメリカは七〇年代半ばには戦略核弾頭数でも追いつかれていただろうと思います。

ところで、ソ連が七五年ごろから配備したMIRVは、SS-17、SS-18、SS-19という三種類ですが、この世代のICBMが米ソ核バランスにおけるアメリカの優位を覆し、現在の優劣つけ難い状況をつくり出すことになります。

その理由は、MIRVによって弾頭数が急増したということのほかに、この三種類のICBMの命中精度がアメリカの命中精度にほぼ追いついたことにあります。SS-18のCEP（一発射ってそのうち少なくとも一発が目標の何メートル以内に入るかという数字）については種々の推定値がありますが、だいたいアメリカのミニットマンⅡと同じ五百メートル以内ぐらいだろうと言われています。

この命中精度は、戦後ほとんどの場合技術的優位を誇っていたアメリカにショックを与えます。もっともアメリカはミサイルに電子計算機の「眼」をもたせることによってもっと精度を上げることもできるそうですが、弾頭が水爆ですから、これ以上命中精度を高めてもあまり意味はありません。

ここで弾頭威力の問題が出てきます。SS-18は広島、長崎の百倍の二メガトン、ミニットマンは十倍の二百キロトンで十倍ちがいます。従来アメリカは命中精度が高いのと、それから、爆発は立方体ですが、被害面積は平方体なので、大きい弾頭は損だという「戦略理論」もあって、大型弾頭を運ぶ超重量ミサイルはつくらなかったのですが、命中精度が同じになってくると、核ミサイルのような硬化目標を破壊する能力が弾頭威力によって断然ちがってきます。これがアメリカのICBMサイロの脆弱化の問題です。

もともと相手の核ミサイルのサイロを狙うという戦術はMIRVができてはじめて成立しうるものです。たとえば、米ソ両方が単弾頭のミサイルを千基ずつもっているとします。もしソ連がそのうち五百発を射ってアメリカのサイロを狙ったとすると、全部が完全に当っても、そのあとに残るミサイルは五百対五百でバランスは同じです。まして、一つのサイロに二発ずつ射ち込むと、五百対七百五十で、先に射った方が損になる勘定です。しかしMIRVになれば話はちがいます。射つ方に数の余裕が出るだけでなく、射たれる方はICBMが一基破壊されるとその弾頭が数個同時に破壊されるわけですから、先制攻撃がますます有利になります。

こうして、アメリカが相互確証破壊を確保するために開発したＭＩＲＶが、ソ連の命中精度の向上と相まって、アメリカのＩＣＢＭのミサイルの脆弱化を招いたという結果になりました。こうしてソ連の旧式のミサイルがどんどんＳＳ－17、18、19に代えられていくにつれて、八〇年代の後半にかけて、アメリカのＩＣＢＭはソ連が先制奇襲攻撃をかけるとほとんど生き残れないだろうと推定されています。そこで今後の軍縮交渉は、ＭＩＲＶの廃止に向うべきだという議論も出てきています。

ここからは話が細かくなります。奇襲といっても、アメリカの偵察システムが捉えてから米本土に着くまで三十分はかかるのだから、その間にＩＣＢＭを射ち出してしまえばよいとか、いや、そんなことはアメリカの政策決定機構ではとうていできないとか、先に偵察衛星を破壊され、第一撃で指揮中枢を破壊されたならばどうなってしまうだろうとか、そういう議論ですが、ここでは省略します。

従来の相互確証破壊戦略に沿って考えると、問題はいわゆる第二撃能力が残って、相手に堪え難い報復を与えることができるかということに集約されます。地上の爆撃機や爆撃機搭載のクルーズ・ミサイル、それから港に碇泊(ていはく)中の核ミサイル潜水艦は、米本土の近くまで張り出しているソ連の潜水艦が同時に発射するミサイルが一足先に到着するために、逃避できないうちにやられるおそれがあるといわれています。

それでも、そのときに、空中にいた爆撃機と水中にいた潜水艦発射のミサイルだけで、従来アメリカがソ連にとって「堪え難い」と考えている程度の打撃を与えることはできます。

これについても問題が三点あります。第一は、現状では潜水艦発射のミサイルはICBMより精度が落ちるので、残存しているソ連のミサイルのサイロそのものを打撃するのは難しく、当初の目的どおりに、都市に対して「堪え難い」打撃を与えることにならざるをえないだろうということです。

となると、従来の核抑止というのは、ソ連が命中精度の悪いICBMで米国の都市を攻撃しても、米国はこれに報復できるということで、恐怖の均衡が成立していたのですが、今後は、ソ連が米国の戦略核基地だけをたたいて、米国の人口の大部分は無傷のままで残っているのに、米国が「堪え難い」攻撃のイニシアティヴをとって何千万のソ連人を殺し、その結果何千万のアメリカ人が殺されるということになります。はたしてこういう決定がアメリカにできるだろうかということです。もちろん、核基地と軍港をたたかれるだけでも数百万のアメリカ人が死ぬと予想されますし、ここでひっこめばアメリカは負けということですから、そのままひっこむはずはないという議論も充分成立しますが、「堪え難い」打撃を相互に受けるイニシアティヴの下駄をあずけられるというのは苦しい事態です。

次に、ソ連は民間防衛が進んでいるので、相互に「堪え難い」打撃を受けたあとでは、ソ連の立場は、相対的に前よりも有利になると予想され、その意味では、生き残ったソ連国家や指導者にとって、戦争は堪え難いものではなかったという結論になりかねないこともアメリカの決定を鈍らせる一つの原因となりえます。ここまでくると、相互確証破壊の理論自体が根本的に疑われることになります。

第三には、ICBMが破壊されたあとで、潜水艦と爆撃機は健在だといっても、三つの中で一つの破壊が可能となると、ソ連はあとの二つの破壊方法も考えてくるだろうということです。なかでも最もおそれられているのは、ソ連が何らかの技術的ブレイクスルーによって対潜能力を改善し、アメリカのミサイル潜水艦の安全度を脅かすことです。

新しい事態への対応

こういう事態に対して米国はどうしたらよいのか、ということについて、米国では七〇年代末ごろから百家争鳴の状態が続いていましたが、最近になって種々の議論の筋道が見えてきた感があります。まず、ソ連の核戦力に対する抑止力としての米核戦力の維持強化が必要なことについては誰も異存はありません。

とくに平和共存と相互確証破壊を信ずる人達にとって、何より大事なのは残存性(サヴァイヴァビリティー)です。

その残存性が脅かされれば平和共存の基礎が揺ぐわけですから、残存性の高い新型ミサイル、すなわちMXなどをつくることや、トライデント型SLBMや各種クルーズ・ミサイルをつくることに、米国の専門家、政治家の一致した支持があります。

しかし最近ではレーガン政権の考え方の中に、「報復」より「防衛」ということで相互確証破壊の考えから離れる傾向もあります。もっともこれは現在の兵器体系では理想でしかなく、当分は相互抑止のままでいくという点は変っていません。

もう一つ、タカ派もハト派も完全に一致しているのは、通常兵器の強化の必要についてです。タカ派に言わせれば、ソ連はいつどこで戦争になるかわからないのだから、核から通常兵器のすべての分野で、おさおさ怠りなく準備しておく必要があるということです。ハト派に言わせれば、核戦争による人類の絶滅だけは避けたい、ということですから、通常兵器による侵略に対しては何とかして通常兵器だけで対抗して、核兵器の使用、ひいては核戦争にエスカレートすることは避けたいということです。

通常兵器だけの防衛というものは、かりに可能としても、核抑止力を併用するよりも費用がかかるものですが、核戦争の惨禍のことを考えればお金ぐらい余計にかかってもよいではないか、というのがハト派の議論の一つです。日本に対する防衛力増強要求も、ハト派の議論の方がタカ派よりもはげしい場合が多いのはこういう理由もあります。

また、この議論は米政府でも一部とり入れられていて、ロジャーズNATO司令官は、通常兵器、とくに、精密兵器にもっとお金を使えば核使用の可能性を減らせることを指摘し、NATOの軍事委員会でも、その趣旨は支持されています。

ここまで専門家のあいだでコンセンサスができた理由は、右に述べたように、米ソの核戦力がほぼ同等(パリティー)に達したからです。核のパリティーの意味を理解するためにはもう一度戦後史をふり返らねばなりません。

パリティーの意味

第二次大戦直後、アメリカとイギリスはさっさと動員を解除して復員してしまいましたが、ソ連は一時動員を解除したあと、すぐまた兵力を増強して、ヨーロッパ正面における地上兵力のバランスにおいて圧倒的な優位を占めました。これに対して西側はいそいでNATOを結成しましたが、ソ連の優勢は覆すべくもなく、核による大量報復でこれを抑止する政策をとるほかはありませんでした。

その後、核兵器も進歩していろいろな戦術核兵器もでき、また米ソの核バランスも水爆や大陸間弾道弾の開発等で種々の変化をとげ、大量報復の考え方ではあまりに単純だということで、ケネディ・マクナマラ時代の柔軟反応戦略に変りましたが、戦略バランスの基本は変っていません。すなわち、東西対立の主要正面であるヨーロッパにおけるソ連の地上軍優勢をアメリカの核の力で抑止しているということです。ヨーロッパだけでなく、キューバ危機のとき、ソ連との対決にアメリカが勝ったのも、アメリカの核戦力が優勢だったからです。ところが、その核戦力がほぼ同等（パリティー）になってしまった、ということになると、どういうことになるかということです。

地上戦力は劣勢のままで、それを抑止していた核戦力が同等（パリティー）になる、という事態は素人が考えても――むしろ、素人が考えれば――困ったことになったはずです。

これに対して、相互核抑止を信奉する人によれば、核戦争はどうせ双方の破滅になるのだからできない、したがって大丈夫だということになります。

しかし、この議論には難点があります。第一に、過去のアメリカの戦略理論でも、通常兵力の戦争と核戦争へのエスカレーションとの結びつきというものは理論的に完成されたことはありません。現に朝鮮戦争のような大規模な戦争も含めて、通常戦争が核戦争になった実例は皆無です。

理論的に完成されたといえる唯一の例は、大量報復理論です。あのころは、ソ連が通常兵力で侵攻すればアメリカは核を使う、その結果、核戦争ではアメリカの方が強いからソ連は侵攻できない、ということで結びつきがはっきりしていたのですが、相互抑止になってから、この結びつきはボヤけていました。

それでも相互抑止という考えが一九六〇年代を通じ、さらに一九七〇年代の半ばまで、アメリカの戦略において当然のこととされていたのは、実は、米ソの同等(パリティー)が達成されていたからでなく、逆に、アメリカがアメリカの優勢にまだまだ自信をもっていたからだと言えます。ソ連の地上兵力の侵攻に対して、アメリカがまず戦術核を使い、それがだんだんエスカレートして戦略核までいくとして、その戦略核でアメリカが若干優勢だということならば、抑止理論は充分成立します。しかし、一九七〇年代後半以降の、戦略核でどちらが勝つかわからないという同等(パリティー)の状態では、ソ連の地上兵力の侵攻に対するアメリカの選択は、ヨーロッパの地上戦闘で負けるか、あるいはヨーロッパで負けるくらいならば共倒れの方がよいか、の二つに一つということですから、ソ連に対する抑止力としての説得力は弱まってきます。「一九五〇年代は、抑止される側の合理性(ラショナリティ)（自分の国が壊滅しては困るという判断）が抑止力だったのが、いまは抑止する側の非合理性(イラショナリティ)（共倒れも辞さないという態度）に抑止力が依存している」というハーヴァードの某教授の表現もなかなかうまくできています。

ここまで問題の焦点がしぼられてきても、一般的な戦争抑止力としての核の役割が、アメリカを中心とする西側の戦略の中でなお重要な役割を占めているのは、一つには、いくら同等(パリティー)になってしまったとはいえ、「人類の破滅の危険」による核抑止力というものは、やはり実際上存在するということがあります。「使えるか、使えないかわからない、というだけでも抑止力になる」ということも真実です。

それともう一つは、これが既述のようにヨーロッパ問題にかかわるからでもあります。ハト派の中には、ヨーロッパは通常兵器で守れるという人もいますが、これは希望的観測を含めた我田引水的議論で、本当にそうなら何も心配は要らないのであって、必ずしも大丈夫と言えないからこそ問題があるわけです。

核軍縮の可能性

欧州の通常兵器防衛の話も論じていくときりがないので、このあたりで核軍備管理について簡単にふれます。

戦後の米国の核戦略はバルーク案から始まります。これはアメリカのリベラリズムの面目躍如たる案です。アメリカの戦後処理政策はまず国際連合の設立から始まります。これはアメリカのリベラリズムからいっても、また無条件降伏を求めて既存の力のバランスを破壊してしまったことの論理的帰結としても、当然の政策ですが、ソ連に拒否権を与えたため、世界政府に一歩近づこうという理想ははじめから挫折します。バルーク案というのは、この一度挫折した考え方をもう一度実現しようというリベラリズムの見果てぬ夢です。核兵器を安保理の拒否権のない超国家機構の管理下に置こうというのですから、核兵器を警察力とする世界国家をつくろうというようなもので、ソ連が合意するはずもありません。たちまちソ連の反対で不成功に終りますが、その後も核兵器の管理についてソ連と合意しようという政策は、アメリカのリベラリズムが一貫して支持するところであり、部分核停条約、核不拡散条約、SALTIと次々に条約が結ばれるたびに、米ソ二超大国に話し合いによる平和の道が開かれた証左として歓迎されます。

実は、このような条約は、米ソがその時点で行なっている核軍備の努力に何ら障碍(しょうがい)になるものでなく、お互いにさしつかえのない点についてだけ合意したものです。現に、これらの条約が締結された期間というのは、ソ連が、キューバの屈辱以来、まなじりを決して核軍拡に乗り出して、着々と米国に追いついていった期間です。

にもかかわらず私は、米ソの核軍備管理交渉は、米国にしかできない対ソ交渉の傑作だと思っています。

ソ連ははじめは、アメリカからソ連の核兵力の資料が提供されるのはスジちがいだと怒ったそうですが、アメリカの数字があまりに正確で、ソ連の中でもごく一部の人しか知らされていない数字と同じなので、そのうちに、何もかも正直に認めるようになって、さしも秘密主義の国ソ連も、その最高機密である核戦力については、公開の事実として両国間で議論するようになったといいます。

普通の国ならば、自分の偵察能力を全部さらけ出しては損ですから、控え目な数字を出して、ソ連がどのくらい事実を隠すかを見極めるという虚々実々の駆け引きのあるところですが、そんなことをしないのがアメリカです。赤心を推して人の腹中に置く、ということでしょう。ここではアメリカ外交のいちばんよい面が出ています。

またアメリカの核戦力と核戦略についてアメリカ側からあますところなく説明したので、ソ連側は、ワシントンに何百人のスパイを送るよりもSALT交渉に出ている方がアメリカの核戦力の実状がわかる、と言ったという話があります。

ここまで誠意を信頼させれば、ソ連もある程度本音を話しますし、少なくとも提示された事実とつじつまの合わない説明もできなくなりますから、相互の意思の疎通も行なわれるようになり、少なくとも疑心暗鬼を生じさせるような世界ではなくなったということ――これだけでも大変な功績です。

戦争というものは疑心暗鬼の中で起ることも多いのですから、SALT交渉というのは、あるいは知らないうちに米ソ戦争の危機を何度か救っていた効用さえあったかもしれません。

現在せっかくつくったSALTⅡの批准が流れ、SALTⅡよりもソ連に不利になると考えられる提案の上に立つSTART交渉に入ることをソ連が合意したというのも、こうした情報価値も関係していると推測できます。

さて今後の見通しはもちろん誰にもわからないことですし、とくに東西間の政治的雰囲気に左右されるところも大きいのですが、理論的には、話し合いの進展の可能性があり、それもひょっとすると本当の意味の軍縮、つまり相互の削減までいく可能性があると思います。その理由はソ連がほぼ同等(パリティー)というところまで追いついたことです。片方が優位で、もう一方が追いつこうとしているときに、その優位を固定するかたちで相互に削減しようとしても、どの程度ずつ減らすかという技術的困難さはもとより、劣位の方が合意することはまずありません。

第二に今後の趨勢を考えると、ソ連の方はいままでの軍拡の余勢で、八〇年代半ばに向って相対的にさらに立場が改善されると予想されますが、その後は本腰を入れたレーガン政権の国防努力の効果が出てきます。将来の優位が明らかなときに、ソ連がいま軍縮に同意する可能性は少ないでしょうが、レーガンの国防予算の充実や、ヨーロッパにおける戦域核配備計画によって、八〇年代末には西側の立場が改善される見通しがあってはじめて、ソ連は、現時点において軍縮交渉に参加する意味を見出しえます。

第三に、ソ連の経済は本当に苦しいのかもしれません。もしそうなら軍縮提案は渡りに舟ということになります。

日本が五・五・三を受諾した裏には、もしあのときに軍縮提案がなければ、日本政府は公約の八・八艦隊建設の経費がどうにも捻出できなくて、政府の責任問題になりかねなかったという背景があります。もともと国力不相応の計画だったのが、第一次大戦景気で税収が増えたので途中までは何とかなったのですが、その後はどうにも工面がつかず、それこそアメリカで起債でもするほかに経費調達のメドが立たなかった由です。

ただ軍縮問題を論じるにあたって、軍縮の成功が戦略的環境に及ぼす効果の限界についてはっきりした認識をもつ必要があります。

もともと米ソの軍縮は、お互いの安全保障上の利益を損わない範囲で合意するものですから、戦略的環境がそう変るはずはないことは一般論として言えます。現に両国とも、すでに相互確証破壊に必要以上といわれる核弾頭をもっているのですから、相互に「さしつかえない程度」削減しても、戦略的環境はまったく変りません。

そして、こうして節約された費用はどこへいくかといえば、ソ連の場合、それが通常兵器の分野にいくことはまずまちがいないと言えます。ソ連は米国に張り合って建設した五百万トン海軍をもっていますが（日本の連合艦隊は最盛期約百万トン、自衛艦隊は現在約二十万トンですから大艦隊です）、これを年々更新、近代化するだけでも大変な経費で、八〇年代後半にはその経費の圧力も急増するといわれていますから、核兵器の経費が削減されればそれだけ大いに助かるでしょう。

そして、核軍縮の背後にある戦略理論が、核兵器は主として核戦争だけを抑止している、ということにだんだんなるとすれば、通常戦力による戦争抑止の責任はますます大きくなっていきます。それは現に、日本など同盟国の防衛努力に対するアメリカの保守派、リベラル派双方の一致した期待の中にあらわれています。

きわどいバランス

このように米ソの核バランスはきわどくなっています。別の言葉で言えばほぼ同等(パリティー)ということです。同等(パリティー)という状態が安定した均衡(エクイリブリアム)とはほど遠い状況であることは、日清戦争の建艦競争の例で見てきたとおりですが、いままでの説明で、もうそんな昔の例を引かなくても、米ソの軍事バランスがきわめて危っかしい状態にあることはわかると思います。

いままで、戦略論をゴタゴタと書いてきましたが、言いたいことといえば、核戦略論はいろいろあっても、一般の方の常識としては、むしろそんなものは捨象していただいて、軍事バランスの実体だけを把握していただけばよいということです。その把握が正確ならば、あとは常識の問題です。

そしてその実体は何かと言えば、キューバ事件ごろから過去二十年近く、その理由は何であってもアメリカが軍備拡充の努力から手を抜いているあいだに、ソ連が営々として大軍備拡充に乗り出し、米ソの力がほぼ同等（パリティー）となり、ほうっておくとソ連の方が優位になりそうな状況になってきたので、アメリカをはじめとして自由諸国が防衛力増強に乗り出したということです。そしてその効果があらわれるまではその間、軍縮の努力もあり、同等（パリティー）でもよいのだという議論と、いやそれでは危いという議論は今後とも平行線のまま続けられましょうが、いずれにしても、軍事バランスがきわどい状況にあり続けることだけは確実です。

　そして日本にとって言えば、グローバルな軍事バランスの環境というものは、今後、一時的にムードの変転はあっても、基本的なきびしさは変らない——西側の防衛努力の強化によって五年後か十年後には改善される可能性はあるものの、それもあまり確かではなく、少なくともそれまでは変らない、ということさえ見失わなければよいわけです。

第九章　新しい戦争

どんな戦争なのか

日本の戦略というと、誰でもがまず考えることは、いったい将来戦争などありうるのだろうか、あるとすればどんな戦争なのだろうか、ということでしょう。

こういう素朴な疑問こそ物事の本質を摑んでいるのでしょう。「防衛努力をするといったって、どういう戦争に備えるのかわからなければ考えようがないじゃないか？」という質問にまともに答えないで、日本の領土領空が侵された瞬間からのシナリオだけの上に立って、国民に防衛力増強の必要を納得させることは困難でしょう。それこそ、「そうしないとアメリカが怒るから」と言うしか、説明のしようがなくなります。

また、この質問の裏には、「将来の戦争は核全面戦争ではないのか?」「それなら、どうせ日本は何をしても無駄ではないのか?」、あるいはその反対に、「恐怖の均衡ということで、核が戦争を抑止しているから大丈夫ではないか?」ということで、いずれにしても、日本の防衛努力にはたして意味があるかどうかという漠然とした疑念が存在するのだろうと思います。

まさに、こうした漠然とした感じ方が理論的に集大成されているものが前章で述べた相互確証破壊戦略です。二十年間、世界の戦略思想に君臨したこの相互確証破壊がいろいろな面から疑問をもたれ、その限界も明らかになってきたことはすでに述べてきたとおりで、その結果、通常兵力が重視され、東西対決の大戦争であっても、通常戦争の可能性が浮び上がってきました。

妥協を求めての戦争

ところで、通常兵器による世界戦争というものがもし起るとすると、どういう戦争でしょうか。身近な例は第二次世界大戦ですが、根本的にちがうのは、双方に厖大な核兵器というものがあって、いつでも核戦争にエスカレートできるという選択(オプション)をもちながら戦争をするということです。

核兵器が武器として戦略の中に組み込まれている以上――逆に言えば毒ガスのようにタブーが定着した兵器にならないかぎりは――核兵器はいくら敷居が高くても、どこかで使われることが想定されています。

敷居を極限まで高くした状態は何だろうかというと、国家の存立がかかわる場合はその一つだと考えてよいでしょう。第二次大戦のドイツのように、完全に蹂躙（じゅうりん）され占領されてしまうか、あるいは日本のように無条件降伏を強いられる場合は、ちょっと待て、そんなら共倒れを賭しても核を使うぞ、という可能性は大きいと思います。アメリカが無条件降伏して共産化されるかどうかという選択ならば rather dead than red（共産化されるより死んだ方がましだ）ということが、アメリカ国民の過半数の支持するところとなる可能性はありましょう。

そうなると勝っている方としても、通常戦争でせっかく勝っているのに、共倒れになったのではつまりませんから、優利な形勢を何らかのかたちで容認させて、手を打った方が得ということになります。つまり、どこかで妥協して休戦協定を結ぶかたちで終る戦争にならざるをえないということです。何らかの暫定協定（モーダス・ヴィヴェンディ）で終る戦争ですから、かりにモーダス・ヴィヴェンディ戦争と呼ぶことにします。

これは別に新しいことではありません。朝鮮戦争がよい例です。国連軍が釜山の橋頭堡に追いつめられていまにも海に追い落されそうになっても、また、中国軍の介入で米韓軍が戦線全面にわたって崩壊の危機に直面しても、結局は、最後まで通常兵器だけで対抗しました。そして延々と続いた休戦交渉の結果、朝鮮半島の西側では、北側が臨津江のそばまでの三十八度線以南の地域を、東部戦線では、南側が、山岳地帯ではありますが、三十八度線以北の相当広い土地を、それぞれ自分の側の支配地域に加えるかたちでお互いの面子を失わない休戦協定が成立します。

こうなると、北朝鮮は何のために南侵を始めたのか、米韓軍は何のために鴨緑江のそばまで行ったのかわからないことになります。はじめからこうなるとわかっていれば戦争の意味はなかったわけですが、そこが戦争の本質で、相手があるのですから、思うとおりにはいかないものなのでしょう。そしていったん始めると、ある程度まではお互いにやり合ってみないと納得がいかないということになります。そのうち、これ以上続けるか、そしてエスカレートするか、それともこのあたりで手を打つかということになって双方の呼吸が合えば休戦ということになります。それが核同等（パリティー）の条件の下では、エスカレートすることはお互いに避けようという意思が強くはたらきますから、ますます、暫定協定（モーダス・ヴィヴェンディ）で合意する可能性が高いということになります。

今後起る戦争は偶発戦争の可能性が大きいということも、モーダス・ヴィヴェンディで終る可能性を大きくします。

一度占領されたら終り

ここでも米ソのパリティーが関係してきます。戦争を始めてもどちらが勝つかわからないという状況では、戦争が意図的に起される可能性は小さいと考えてよいでしょう。

ということは、もし、将来米ソの対決があり、全面戦争が起るようなことがあったとしても、それは米ソいずれも予測できなかったし、そういう事態にならないようにコントロールする力の及ばない地域における政治的事件が原因になって起ると考えられます。

日清戦争の前の東学党の乱とか、第一次大戦の前のサラエヴォにおけるオーストリア皇太子暗殺事件は、大国の予測もコントロールもできない事件でしたが、それが口火となって、大戦争に発展していったのと同じです。

これに対する反論としては、アメリカの中にはとくにタカ派のあいだでは、現状は、第一次大戦前よりも第二次大戦前に似ているという論があります。ソ連の政策はヒットラーのように計画的なのだから、ミュンヘンでヒットラーを抑えなかったのが誤りだったように、デタント時代にソ連の大軍拡を野放しにしたのがいけなかったという議論です。

このいずれの議論が正しいかは、もとより決め手はないのですが、私の意見としては、よく言われているように、ロシアという国は圧倒的な優勢をもたないと攻勢をかけないという軍事的伝統のある国だということを考えてみても、また、いくら民間防衛が発達しているとはいえ、核戦争の惨禍を考えると、たとえヒットラーのような明確な計画があったとしても、ソ連は西側に対して明白な優勢を達成するまでは、軽々に手を出さないのではないかと思っています。

もちろん事態はそう二者択一で割り切れるものではなく、ほとんどの事態はその中間にありましょう。日清戦争の場合、東学党の乱がなければ起らなかったことは確実ですが、これを奇貨として、朝鮮半島の宗主権の問題を一挙に解決してやろう、という意図が日本側にあったことはたしかで、そして、日本が清国を戦争に引きずり込んだ結果になっています。第一次大戦の口火となったサラエヴォ事件も、もともとセルビアに野心のあったオーストリアに口実を与えたことが戦争の原因です。

ソ連がキューバ兵をアンゴラに輸送したり、キューバに地上旅団を送ったりしても、ベトナム反戦ムードの中のアメリカがこれに対応してこないだろうというヨミもあったでしょう。現にアメリカがこれに対応しなかったので、ソ連の側の一方的な稼ぎになっています。この場合、もし米国が対応したならばソ連側がどうする気だったかはわかりませんが、場合によってはかなり危い橋を渡る可能性もありました。

しかし、アンゴラの場合、キューバのソ連地上旅団の場合、さらにはアフガニスタンの場合でも、ソ連が核全面戦争を賭けてもやり抜こうという性質のものとも思われません。
やはり、もし近い将来米ソのあいだに全面戦争があるとすれば、まず、両者ともコントロールできない場所に政治的事件が起って、「このくらいは大丈夫だろう」とか、「この点だけは譲れない」というような種々の計算や、計算ちがいがからんで、そこから引くに引けなくなるというようなケースがいちばんありえそうなものと思います。

その場合、本来両方とも全面戦争にする気がないか、あるいはこの程度なら全面戦争になるまい、として始めた戦争ですから、始まったとたんに、どこかで潮時を見て休戦を求めるのが自然の成り行きになります。やはり、暫定協定（モーダス・ヴィヴェンディ）を求めての戦争になります。

もっとも、過去の歴史を見ると戦争の多くは元来そういうものです。力の差が圧倒的に強いときは、強い方は弱い方を併呑する気ですから、元寇のように、国の存亡を賭けた戦いになりますが、国の力がそうちがわない場合に、その国の存亡を賭けてまでの全面戦争をしたという例はよほどの怨恨関係がないかぎり、あまりありません。

ただ、ナポレオン戦争以来、戦争が国民戦争になって規模が大きくなり、第一次大戦の結果、欧州で国家総力戦理論が生まれ、第二次大戦では文字どおりの総力戦となってきたので、このままでいくといきつく先はどうなるかと思われて、石原莞爾の最終戦争論まで出るようになったのが、石原莞爾が予言した最終兵器である核兵器出現のおかげで、かえってエスカレーションに一つの歯止めがかかることになったというのが現状でしょう。

この非核全面戦争が、従来の戦争と異る点のもう一つは、米ソの二極構造というところからきます。これも第一次大戦以来の傾向ですが、力がある第三者がいて、これに気兼ねしなければならないということがなくなってきて、いったん既成事実ができると、条約や国際法で変えることが困難になるということです。

これも朝鮮戦争がよい例で、名前は休戦協定ですが三十年にわたって事実上の国境になっています。北方領土のように、アメリカが占領する気がないことを見極めてから、そっと占拠してしまったところでも、これを返させる手段がなかなか見つかりません。イスラエルは占領地の一部を返還したりしていますが、これはアメリカという力もあり、気兼ねしなければならない第三者がいるからです。

今度のモーダス・ヴィヴェンディ戦争では、気兼ねしなければならない第三者というものはありません。力で取った、あるいは取れるものを放棄させるような力のある第三者といえば、アメリカの国内世論ぐらいのものでしょう。第五章で書いたようにアメリカという国は真珠湾攻撃のようなことがないかぎり、いつでも国内世論と次の選挙のことを考えながら戦争しなければなりません。朝鮮戦争でも開城ぐらいは楽に取れるところでやめたのも、ベトナムで中途半端な戦争をしたのも、全部国内世論が「第三者」の役割を果したからです。しかしこれは、相手がアメリカという特殊な国である場合だけ通用することです。とすると、今度の戦争では、イスラエルが占領したジョルダン河西岸とか、朝鮮半島の三十八度線から相互にはみ出した地域のように、戦争が終った時点の対峙点が半永久的な国境となるおそれがあります。

こうなる可能性があるということは日本の今後の戦略構想に大きな影響があります。まず第一に、第二次大戦中のデンマーク、フランスのように、一度手を挙げて戦争の犠牲を少なくして、あとは最後の勝利を待つという戦略はきわめて危険なものとなります。

そこまでいかなくても、日本の領土の一部が部分的に占領されたままで休戦を迎える可能性もあります。つまり、朝鮮半島の例でいえば、日本の領土の一部または大部分が、西海岸の開城付近のように侵蝕されて、そのかわりに自由陣営側がどこか別のところで、朝鮮半島の東側のような代償を得ているというような状況では、自由陣営全体の利益から見ればまああいいところだし、あとはそれ以上エスカレートして核戦争の危険を賭けるか、どうかという選択になると、このあたりでやめた方が人類的見地からは正しい、ということも言えましょうが、日本にとってはたまったものではありません。

やはり、まずは、降参しないこと、それから、専守防衛であっても、占領される地域をできるかぎり局限するよう努力するということが必要になりましょう。

戦争の危険の増大

モーダス・ヴィヴェンディ戦争について、一つだけ付記しておきたいことは、現在のパリティーの状況の下では、戦争が生起する可能性は増加していると考えられることです。モーダス・ヴィヴェンディ戦争は、政治的な偶発事件によって起る可能性が大きいことはすでに述べましたが、そのような偶発事件の数が今後増大すると言っているわけではありません。そんなことは神様しか知らないことです。私が言いたいのは、偶発事件が起った場合にそれが戦争に発展する公算がより大きくなっているということです。

パリティーの条件の下では、偶発事件による対決が生じた場合どちらが引き下がってよいのか、どういうタイミングで下がるのか非常に難しいというところに問題があります。すでに歴史の例で述べたように、キューバ事件のときや、日清戦争の十年前の甲申の変のようなときは簡単です。弱い方が引き下がるだけです。しかし今度キューバ事件のようなことがあって、ソ連がSS－20をもちこむのに対してアメリカが海上封鎖的な措置をとったらどうなるのか、非常に難しいところです。

ポーカーでもブリッジでもマージャンでもそうですが、相手の手が明らかに自分の手よりも高い場合は、一方的に降りる判断をするのは何でもありません。しかし、手の強さがあまり変らないときに、降り続けてばかりいれば必ず負けてしまうことは明らかです。すべてはその場のケースによるので一概には言えませんが、どこか頑張るところでは頑張らねばなりません。ということで両方とも降りられなくて、いきつくところまでいく可能性が大きくなります。

以上、パリティーの下の戦争の可能性について考えてみました。一応暫定協定（モーダス・ヴィヴェンディ）を求めての戦争と定義しましたが、これは何も新しいことではなく、第二次大戦とか、ジンギスカンの征服のような特殊な場合を除いては、ほとんどの戦争はこんなものです。

戦争の発端は偶発事件で、そこでお互いの思惑がからんで事態が発展して戦争になる、戦争が始まった以上事の勢いである程度いきつくところまでいかねばならない、しかしそこから先、国家、民族の存亡を賭けるかどうかということになると、まあ適当なところで手を打とうということになる——これはきわめてありふれた戦争のかたちです。

むしろ、ここで我々が考え直さねばならないのは、核兵器の発達と東西のイデオロギー的対立、それから第二次大戦の記憶がまだ新しいために、人類の破滅に至る戦争とか、世界最終戦争とか、もう世の中はすっかり変ってしまった、というような考えに圧倒されてしまって、千古不易の戦争の本質というものを見落しがちだったということです。この怠惰な思考の習慣から立ち直るためにも、このきわめてありふれた戦争である通常戦争の可能性を真剣に考えてみることは必要でしょう。

ただつけ加えておきますと、私は、全面核戦争の可能性がゼロだなどと断言する自信はとうていありません。ノストラダムスの予言とか、石原莞爾の解釈による日蓮上人の予言、仏典の予言など、過去の鬼才達の予言が万一当るとすれば、それはいまから二十一世紀初めにかけての核全面戦争のことかもしれないという不吉な想像は払拭し切れません。こんなことは我々凡俗には誰もわからないことです。後世の人から見れば、米国が「相互抑止」という理論の下でソ連の追いつきを許したことの中に、核全面戦争が起った必然性を見出すかもしれません。

しかし、ここで通常戦争にしぼって考えているのは、まず第一に、すでに分析したように、常識的に考えても、理論的に考えても、通常戦争の方が可能性が大きいのですから、それについて考えるのが当然だということです。

次に、民族というものは、どんな苦難にも堪えて生きのびるようにしていかないと、子孫に対する責任を果せませんから、「核戦争になれば何もかもおしまいだ」などとなげやりなことを言わずに、核全面戦争でも民族の一部は生き残り、復興する手だては考えておかなければならないのですが、日本の防衛体制がこれだけ遅れている現状では、ものには順序があるということです。

核戦争のための準備といっても、シェルターをつくったり、備蓄を増したり、応急手当を考えたり、つまりは民間防衛組織や有事立法を完備することです。

日本のように、通常戦争のための民間防衛も有事立法もロクに整備されていないところでは、これを整備していくことの延長線上に、核戦争でも日本民族が生きのびていく対策も自然に出てくると考えられるからです。むしろ、いままでの発想では、「核戦争ならどうせ何もかもおしまい」ということで、最低の必要にも手をつけていなかったのを、地道に、いちばん基礎的なところから始めるべきなのでしょう。

日本列島の戦略的価値

世界戦争は起るかもしれない。起るとすれば、現在の米ソの同等(パリティー)の下では、大国の予測もコントロールもできない事件が発端となって、お互いの計算ちがいが積み重なってエスカレートする、そして最終的には、核戦争にいくか、妥協するかの選択で、どちらかといえば、戦局はつねに妥協の方へ傾いていくだろう、というのがいままでの結論です。

その場合、日本にはどういうかたちで戦争が波及するだろうか、ということを考えるに際して、何よりもいちばん大事なのは情勢判断です。それも日本の事情を中心に考えるのでなく、東西全面対決となったときに、米ソ両国にとって日本の戦略的価値はどの程度のものだろうかということです。

「ロシアという国家にとっての日本の戦略的価値は第三章のシベリアの地政学のところで述べたとおりですが、ロシアという国にとっては国境に隣接しているすべての土地は戦略的価値があります。ロシアは自然国境をもたない大平原の中でタタールの軛(くびき)から少しずつ解放されてきた国家なので、国境が首都から一センチでも遠いということに安全を感じるといわれています。

これは日本だけでなくどの隣接地にもあてはめられるものですが、日本に独特な地理的重要性は、ロシアの太平洋岸の海洋への出口を扼していることにあります。すでに書いたように、ロシアが伝統的に出てきたかったところは朝鮮海峡の対馬であり(一八六一年)、朝鮮半島であり(一八九六年以降)、遼東半島でした(一八九八年以降)が、現在では、この東シナ海への出口は中ソ対立と在韓米軍のために閉ざされています。たとえ北朝鮮を通じて東シナ海に出ることが可能となったとしても、沖縄に米国の一大基地がある現状ではまだ太平洋へ道が開けたとはいえません。また朝鮮海峡は、韓国と山陽と沖縄の米軍基地、それからもちろん日本の自衛隊基地にとり囲まれた最もふところの深いところですから、アメリカや日本と敵対するような有事の際の通行は困難です。ここで北海道をはさむ二海峡の重要性が出てきます。将来第二シベリア鉄道ができると、出口は樺太の対岸ぐらいのところになる予定で、そうなるとますます宗谷海峡がその門戸ということになります。また、日本は米本土の西海岸から南シナ海やインド洋に向う直線コースの上に長々と横たわったかたちとなっている列島で、十九世紀半ばにアメリカが日本の開港を要求した地政学的理由の一つもそこにあります。さらに、日本列島は韓国防衛のためには必要不可欠の基地で、日本が失われれば、韓国は守るすべもなく、また、中国は敵対勢力にぐるっととりまかれて孤立するかたちになります。また、ソ連から見れば、日本は極東のソ連基地を攻撃するための絶好の米軍の基地ということになりましょう。

戦後の米国の世界戦略の基本は、ユーラシア大陸の中央から膨張してくるロシアを、ヨーロッパとアジアに前方展開基地を置いて防ぎ、米本土と前方展開基地とのあいだの海洋の自由を確保するというかたちで成り立っているのですが、アジア大陸の東の縁に沿って長くのびている日本列島は理想的な前方展開基地で、ソ連にとっては目の上の瘤（こぶ）ということです。またその前方展開基地とのあいだの海洋の自由を確保するためには、日本本土の基地、港湾、さらには三海峡の戦略的価値を利用することが不可欠だというのがアメリカの戦略で、それをそうさせまいというのがソ連の戦略でしょう。

これに加えて、日本の経済と技術の価値については言うまでもありません。日本の経済力の大きさは、経済的にだけいえば一つの極といえるほどの大きさで、東西の経済競争のバランスに影響を与えるほどの力をもっています。また戦時中における武器の生産、補修の能力も抜群です。

ちなみに、ミッドウェイは米国の空母の中でいちばん古い型ですが、平和時の米国の艦船の稼動率は五〇%、ソ連は一五%といわれているのに対して、ここ数年間私が記憶しているかぎりでは一回だけ二ヵ月ほどドック入りしただけで、あとはいつも働いています。つまり、ドック入りの年は八〇%、それ以外はほとんど一〇〇%の稼動率ということで、これは横須賀の修理補修能力が世界一高いからといえます。米国の国防長官の議会に対する報告が、毎年のように、日本を極東の要とか、鍵とか呼んでいるのも当然です。

〝安保まきこまれ論〟の誤り

一般的に、戦争の当事国がある地域を攻撃するかどうか決めるに際して関係のあるのは、まず第一にはその地域を占領するか破壊すると、そのあとの戦略的環境がどのくらい改善されるかということで、第二には、作戦が成功する見通しがあるか、成功してもどのくらい犠牲を払わなければいけないだろうかということです。つまり、物差し(クライテリア)は、その地域の戦略的価値と、その地域をめぐる軍事力のバランスということです。

戦争というものは、まさに「死生の地、存亡の道」で、負ければ元も子もありませんから、いざ戦争となると、この二つの考慮以外は全部第二義的になってしまいます。第二次大戦でスイスとスウェーデンは中立できて、ベルギー、デンマーク、ノルウェー、フィンランド等は中立を侵されました。中立したい願望は同じでも、大国の物差しではかって中立できないものは中立できなかったということです。

戦略的に重要な場所は、敵が取る前に取ってしまうのが常道です。まして、戦略的に重要で、しかも、中立国で、強力な同盟国もなく、独りで守るに足る防衛力もないところなどは取られないはずがないといって過言でありません。ベルギーは二度の大戦で二回とも中立しようとしましたが、その戦略的価値のために完全に無視されました。ノルウェーは北海の戦略的重要性とドイツの戦争継続に不可欠な良質鉄鉱石の積出し港をもっているために取られ、デンマークはその通り道であるために取られました。デンマークの場合は、英仏側にとって、ドイツを攻撃するにはジーグフリード線を突破するよりデンマークを通る方が楽だという判断があったからともいわれます。フィンランドは、レニングラードの防衛のために必要な土地をもっているということで攻められています。

右の二つの物差しではかると、いわゆる安保まきこまれ論——日本に米軍基地があるから世界戦争にまきこまれるという理論——の欠点がすぐわかります。もともと安保反対のためにつくられた議論なのでしょうが、同盟とか中立とか、平和時における形式的な関係にばかり捉われて、大国がその存亡をかける戦争というきびしい事態を考えたうえでの戦略的な発想が、まったく欠如した議論です。

大国のあいだにはさまれて、しかも戦略的価値の高い国にとっては、最善の選択は、自国の力によって、そして足りない分は同盟国との共同の力で、侵略を抑止することです。ノルウェーがまさにそうです。伝統的に平和主義、中立主義指向の強い国ですが、第二次大戦の結果にこりて、北方に長い海岸線をもっているという戦略的理由のために、NATOに加盟しています。ノルウェーの北部海岸はソ連艦隊の通路を扼しているという意味で戦略的にきわめて重要ですが、ソ連がフィンランドの一部を取ったような局地戦争はNATO加盟後のノルウェーに対してはありえません。そうすることはアメリカに対する挑戦を意味しますから、おいそれとできることではありません。

もし攻撃があるとすれば、すでに米ソ対決が中東とか別の地域で始まっているか、あるいは、米ソの対決はいずれは不可避だと判断されるような状態になっているときだけでしょう。日本の場合についても、巷間のフィクションには、日本だけに対する軍事的脅迫のシナリオがありますが、脅迫はクレディブル（実効性あること）でなければ無意味で、実効性をもたせようとすれば、軍事的にアメリカと衝突してしまうわけですから、安保条約があるかぎり、日本だけに対する攻撃はまずありそうもありません。

その意味で、同盟は、米ソの全面的対決に至らない局地戦争が起ることを抑止していると言えます。米ソの全面対決になれば、戦争の危険は迫ってきますが、それは同盟のためでなく、地理的重要性のためです。そして、そういう場合になれば、侵略を撃退できるか、あるいは未然に抑止できるかは彼我の軍事バランスの問題ですから、アメリカとの同盟が軍事バランスを大いに改善して抑止力を増すことは論を俟たないところです。

ちなみに、ノルウェー北方の戦略的価値はまさに日本の北海道とよく似ています。ソ連太平洋艦隊と北洋艦隊はほぼ同じ規模のソ連の二大艦隊であり、有事における太平洋艦隊の出口は宗谷、津軽の二海峡であるのに対して、北洋艦隊の出口は北極海の氷とノルウェーの長い海岸線とのあいだに暖いメキシコ湾流が流れ込んでつくっている細い水路です。したがって、ノルウェーの戦略は、NATO側がノルウェー北岸の基地からソ連北洋艦隊の通行を阻止するのを、ソ連が先制阻止しようとしてノルウェーの北岸を占領してくるのを防衛することが、基本になっています。この意味でNATO北翼の戦略は日本としても、参考によく勉強しておく必要があります。

日本の戦略的価値は、ロシアの大洋進出を扼するかたちで連なっている日本列島の宿命です。日露戦争のとき、日英同盟の前に、我々の二、三代前の世代が、肝胆を砕いて、つめにつめた議論をした結果、最後にはアングロ・サクソンとの同盟しかないとヨミ切ったのも、もとはといえば日本の地政学的な条件のゆえです。

こうして、もし世界の一隅の不測の事件がエスカレートして、ヨーロッパや中近東で米ソのあいだの本格的な対決が始まれば、日本はその戦略的重要性のために、戦争の危険に曝されることになります。右の物差し（クライテリア）をあてはめれば、日本の戦略的重要性は疑いのないところとして、もう一つの物差しである軍事バランスが日本にとって不利なほど——逆にいえば日本が取られやすいほど——日本が戦争に直接まきこまれる可能性が高くなります。したがって、ここから出てくる最も常識的な結論は、日米共同の力を高めて、世界戦争であっても、戦闘が日本に及ぶことに対する抑止力を高めることにあります。

日本の戦略

将来の戦争についてここまでの展望がもてれば、日本のとるべき戦略の大要もわかってきます。

まず第一にどうすれば戦争にまきこまれないようにできるかという戦略です。安保条約があるかぎり局地戦にまきこまれないと考えてよいのですから、問題は、米ソ対決の大戦争になっても、何とかして、日本周辺だけは睨み合ったままで実際の戦争が起らないか、あるいはもし起っても、できるだけ限定された規模のものにさせることができればよいわけです。そのために必要なことは、東西対立の接点などの諸地域、北欧、中欧、南欧、中近東、中ソ国境、太平洋岸などの中で、日本の周辺が特別に脆弱な一環にならないように努力することです。逆に、日本正面がいちばん手ごわいということになれば、日本はまず安全になります。

日本周辺にそういう条件をつくることは、思ったより困難でないようです。その理由は、第一に日本の地理的条件です。百個師団ものワルシャワ条約軍に対抗しなければならないヨーロッパと、せいぜい数個師団と推定されている揚陸能力の限られた極東ソ連軍を考えればよい日本とでは、条件がまるでちがいます。海、空軍についていえば、これはまだ米国が比較的にしっかりしている分野ですから、日米共同の防衛努力で同盟の信頼性を高めてさえいけば、ヨーロッパより低い費用で、ヨーロッパ並み、あるいはそれ以上の安全度を達成できることは明らかです。

もう一つは、世界戦争において、日本周辺は第二戦線だということです。ヨーロッパとか、石油資源の大本を押えているペルシャ湾とかは主要正面でしょうから、交戦国は全力を投入して勝ち抜こうとします。しかし、第二戦線というものは、それを開くと交戦国にとって世界的な形勢がどの程度有利になるかという計算で開かれるものであって、第二戦線を開くかどうかは交戦国にとって選択の問題――場合によってはヒットラーのソ連攻撃のような致命的な選択の問題――です。したがって、第二戦線を開くかどうかには、費用対効果の法則がよりよくはたらきます。

交戦国が日本の地政学的条件を利用できれば、それは世界戦略にとって有利なことは決まっています。しかし、そのために払う犠牲が大きすぎて、第一戦線の兵力の運用までが不自由になったり、中国の「戦略的予備兵力」が気にかかってきたりするようならば、それが主要戦線の敗因につながりかねません。したがって、日本が特定の戦闘に勝てるとか、特定の地域を必ず守れるとかいうことはできなくても、そのために払う犠牲をはなはだしく大きくさせるような防衛体制を準備し、先方もそのことをよく知っていれば、戦争の最後まで、じっと睨み合ったままで、通商路妨害や、規模の限られた戦略的爆撃などはあっても、大きな消耗を伴うような大戦闘は日本の周囲には起らないままですむ可能性があります。

そして、日本にとって何よりも望ましいのは核戦争が起らないことです。この点も、私は、たとえ他の戦線で核の敷居がまたがれても、極東には核戦争が及ばなくてすむ可能性は充分にあると思っています。

もともと過去三十年間、日本防衛のアメリカの戦略は核の使用の想定の下につくられていないという事実があります。これは通常地上兵力におけるソ連の圧倒的優勢に対抗するには、核抑止力しかないことが前提になっていたヨーロッパの戦略とは本質的にちがいます。朝鮮半島の状況は北の地上兵力の優勢という点でヨーロッパと似たところがあり、また、折にふれて、核の使用も辞さないという米側の発言もありますが、ここでも、核の使用は戦略の中心的地位は占めていません。これに加えて、中国の核戦力が小さいとはいえ、「戦略的予備」として控えているという事情もあり、極東は、ヨーロッパよりも核戦争を避けうる可能性が高い客観的環境の中にあります。この環境を悪化させてヨーロッパと同じような状態にさせないように、今後とも通常兵力における日本の防衛力強化を続けていくことが日本の大きな戦略目標の一つです。SS-20の極東配備に対する最もオーソドックスな対抗策は、日本の通常兵力強化です。

つまり、日本周辺だけが脆弱な一環とならないように、侵略者に高い犠牲を払わせるように、そして、アメリカの核を使ってエスカレーションの危険を冒さなければ日本を守り切れないような状況をつくらせないように、というのが日本の重要な戦略目的であり、日本の防衛力整備もこの目的を充分念頭において行なわねばならないということです。

極東の軍事バランス

実はいまとなってふり返ってみると、ほんの数年前、一九七〇年代の半ばごろは、右に述べたような目的は全部充足されていたように思います。もちろん、米国はつねに、日本防衛のための日米の分担が不公平だと感じて、日本に防衛努力の強化を期待していました。しかし問題をギリギリにつめて、日本に対する侵略に対して、日米共同で（主としてアメリカですが）抑止する力があったかといえば、それはあったと思います。それがいまは、今後日米それぞれによほど努力をしていかないと危い状況になった——この原因としては、イランの王制が崩壊して、ペルシャ湾岸の安全を外交的な方法だけで守ることができなくなって、アメリカの軍事力に対する追加負担が増大したことにもよりますが、何よりも極東ソ連軍の急速な増強にあります。

とくに七〇年代末ごろからは、一年一年、様変りといえるほど情勢が変りました。ソ連の言説も七〇年代半ばまでは極東の脅威はほとんど中国だけと見做していましたが、七〇年代末以来、日米中を関連づけて言及するようになり、最近は日本だけに言及するようにさえなってきました。

一九七八年には北方領土にソ連の地上軍の配備が始まり、北海道は完全に三方からソ連軍に囲まれるかたちになりました。七九年にはミンスク・グループが回航されています。これは一大示威行動でしたが、それだけでは七万トン程度の増強です。しかし一九七〇年代半ばから較べると、実に四十万トンの新型艦艇を増強して百六十万トンになりました。第七艦隊六十五万トン、自衛艦隊二十万トンに較べて驚くべき増強です。

表面にあらわれないので一般の注意は惹いていませんが、もっと心配なのは一九八〇年の一年を中心に行なわれた空軍の近代化です。かつてはミグ‐21が主力だったのが、性能もよく足も長いミグ‐23や27に大量に更新されたうえに、SU‐24やバックファイヤーなどの高性能爆撃機がどんどん配備されてきました。海軍力では、東太平洋に第三艦隊が控えているので太平洋、インド洋全域のバランスでソ連が優位を占めたとはいえませんが、空軍力に関しては、日本列島周辺においてソ連の優位を認めざるをえない状況になりました。

このような変化が当時日本で言われた潜在的脅威の増大の実体です。当時は、次から次に変る情勢を追っかけるのに忙殺されるだけでしたが、いまになってふり返ってみると、たしかにあれほど騒ぐだけの実質のある変化でした。やはり、「定遠」「鎮遠」のときのように、誰の眼にもはっきり見える変化だったのでしょう。

しかし、これだけの変化があっても、なお、ヨーロッパにおける通常兵力のバランスよりはゆとりがあります。一つには、やはり島国だからです。ヨーロッパの軍事専門家の多くがどうしても戦術核が必要だというのは、ソ連軍の最初の攻撃に続いて、数十個師団の後続が西に向って殺到するのを阻止するのに、ほかに手段がないということです。日本の場合は、核兵器の助けを借りなければ防衛計画が成り立たないというにはほど遠い状況です。

また、逆に考えれば、これだけの変化が僅か数年間のあいだに起ったものだということ自体が、日本の防衛の将来に希望をもたせてくれます。ヨーロッパのように、三十年間も、ソ連の地上兵力の優勢には核を使うしかないと考えてきたところと根本的に異ります。ほんの数年間で変ったバランスならば、いまから日米共同の努力でどうにかならないはずはありません。

レーガンが防衛力強化予算をつくり、日本もついに、予算のゼロ成長の中で防衛費には特別の扱いをするようになったのは、畢竟はこういう軍事バランスの変化がよく見えてきたからでしょう。そうでなくて政府の宣伝だけでこんな予算に納得するようなアメリカ国民や日本国民ではありません。

こうして努力していけば、世界一と二の経済力をもつ米国と日本ですから、八〇年代初めまでに急速にソ連に追い上げられ、一部追い越された分の、全部でなくても、いくらかは、やがて取り返すことは充分可能と思います。

第十章　情報重視戦略

彼を知り、己れを知れば

「彼を知り、己れを知れば百戦殆(あや)うからず」というのはよく引用される孫子の言葉ですが、この言葉のいちばん面白いところは「殆うからず（危っかしくない）」と言っていて「勝つ」と言っていないところです。客観情勢を見極めて勝てるものならばもちろん勝つ、勝てそうもなければ戦争しないか、あるいは向うから仕掛けられても持久作戦にもちこむとかして決戦を避けるようにする、こうしていれば危っかしいことはない、という意味です。

まさに情報重視戦略を一言で言ったような言葉で、今後の日本の戦略を考える場合、何度引用しても足りないくらいです。しかしあえて言えばこの短い言葉さえ冗長(リダンダント)であると言えます。「己れを知る」ということは世間一般の用法でも、身のほどを知る、社会の中に自分が置かれている位置をちゃんと知っているということであって、主観的に内なる自己を見つめるということではありません。こう考えれば、「彼を知る」と言えばそれで充分で、「己れを知る」は同じことをくり返して言っているだけです。

軍事問題については、軍事バランスを知っているということでしょう。己れの力といっても相手と比較しての自分の力であり、他の力といっても自分の力と比較しての強さですから畢竟同じことです。昔から軍事専門家が軍事バランスを重視する理由もここにあります。

私がここまでくどく言うのは、日本人の伝統的発想では、よほど注意しないと、自分の戦闘能力だけを考えて情報を軽視してしまうからです。軍隊において戦闘能力が優れているということは基本的なことで、私はこれを軽視するものではありません。また日本人の戦闘能力が優れていることも疑いありません。別に戦闘に限らず、会社の仕事でも何でも与えられた任務をきちんと責任をもって遂行する能力はおそらく世界最高でしょう。

自衛隊についても同じです。ナイキやホークというのは地上から遠距離の敵機を撃つミサイルですが、自衛隊は国内に訓練場がないのでアメリカで訓練します。一時はNATO諸国も集ってオリンピックのような状況だったそうですが、日本チームはいつも最高の命中率を誇っていたそうです。何が優れているかといえば、日本人のように十人が十人、やると決まったことをきちんと、それも能率よくやる国民というのはほかにないからだということでしょう。アメリカの将官とドイツの将校と日本の下士官を一緒にすると世界最強の軍隊ができるといいます。日本の戦略思想欠如のきびしい批判ではありますが、日本の一般の民度の高さへの讃辞でもありましょう。

また、いまの自衛隊はいざというときに本気で戦うだろうか、と心配する人がいますが、私は少しも心配していません。自衛隊の中で士気を心配する人には何人か会いましたが、そういう人達は「いつまでも自衛隊の扱いがいまのままでは……」といって憂えているのですから、むしろ問題意識の高い人々で、こういう人にかぎっていざという場合は率先して戦うと顔に書いてあります。問題は、これだけ有能で意識の高い人々をむざむざ犬死させてしまうような使い方をしては、国のためにいかにももったいないということです。硫黄島や沖縄での勇戦も、数々の特攻隊も戦争の大きな流れからみれば無益のことでした。むしろ本土決戦をした場合の犠牲の大きさを米国に印象づけ、原爆の使用やソ連の参戦を早めた効果さえありました。元の戦略が悪いと、戦術的に善く戦えば戦うほど結果が裏目に出ることもあるという例です。

日本の伝統的考えでは、この犠牲はけっして犬死でなく烈々たる精神を後世に遺したからあれでいいのだということですが、たしかに将来、万が一日本が危機に直面せざるをえなくなったときに、この精神が役に立つことはあるかもしれません。しかし、死んだ人がその場で立派だったということと、戦略がよかったということとはまったくの別問題で、あれでよかったなどとはとうてい言えません。むしろそういう立派な人をムダに死なせた戦略の責任者こそ愧死（きし）すべきです。兵隊の生命を大事にしない軍隊は長く戦えません。国民の愛国心や個人の死生観に頼るのにも限度があります。太平洋戦争のようにあんなに人命を軽く扱っては、明治以来営々として培ってきた愛国心の泉が、戦後はまったく涸（か）れ果てたようになってしまったのも、理由のないことではなかったのでしょう。

また孫子から引用します。

「もし十万の軍隊を千里の外に出すということになると、民衆の費用も政府の経費も一日千金かかり、ゴタゴタで日々の仕事のできない者が七十万家族にもなり、そうやって何年もかけて一日の決戦を求めることになる。……それなのに情報を得る人件費『百金を惜しんで敵の情を知らざるものは、不仁の至りなり、人の将に非ざるなり、主の佐に非ざるなり』……」とあります。

「不仁の至り」というのははげしい言葉ですがそのとおりでしょう。

太平洋戦争はガダルカナルの戦闘からあとはほとんど負け続けになりますが、その最初の戦いである一木大佐の攻撃作戦はその悲劇の始まりです。すでに多くの戦史や評論に引用されている戦いですが、ガダルカナルを占拠した一万六千の米海兵隊を海に追い落そうと、日本陸軍の精鋭中の精鋭である一木支隊八百名が後続の来援も待たず銃剣突撃で全滅します。

その原因はすべて情勢判断の誤りに起因すると言えます。大本営の情勢判断では、米軍の本格的反攻は一年さきの昭和十八年半ばごろと考えていたのですから。それだけでも、上陸軍の装備がどこまで本格的か、士気が高いか、米軍の中でも精鋭部隊かの判断が全部狂ってきます。また兵力数についても二千名から一万五千名までまちまちの判断があったようです。日露戦争で、日本軍の情報機関がつくったロシア軍の兵力見積りが、戦後判明したロシア軍の実数にあまりにも近いので、ウォーナーが驚嘆したのとは大きなちがいです。

たしかに海原治氏がつねに指摘されるように、一人二百五十発の弾丸を携行しただけで砲兵の援護もなしに突撃したというのは無謀ですし、また、リデル・ハートの言うように、次々に攻撃をかけて皆やられてしまったのは兵力の逐次投入のそしりは免れません。

しかし、それはいずれも結果論とも言えます。日本軍がそれまでに知っている装備劣弱な中国軍や、浮き足立っていた米比軍、英蘭軍ならばそれでも勝てたかもしれません。ただ、本格的反攻の準備を整えてきた米海兵隊の前には通用しなかったということです。

白村江の戦いにも似ています。一説には沿海州と言われる粛慎まで討ったという阿倍比羅夫の軍隊が、それまでに、数々の蝦夷の部族を蹴散らしてきたのはわかるのですが、白村江の唐軍は中国全土を統一したばかりの常勝軍ですから、わが方の勢いに驚いて逃げるだろう、などという戦術でぶつかって勝つはずがありません。両方とも、鎧袖一触という感じで敗けています。

つまり情報無視の一語に尽きます。白村江の唐軍とは何者か、くらいの戦略情報は当時でも常識でしょう。アメリカがそろそろ本格的反攻を始めそうだくらいの情報は、アメリカの新聞、雑誌等の公開情報を分析するだけでわかるはずです。現に、大本営は、近来米国は反攻を「豪語しているが……」などと言っているのですから、虚心に情報を読む気持さえあれば、まちがえるはずはありません。天皇陛下は、ガダルカナルに米軍上陸の報を聞かれて、ただちに日光から東京御帰還を仰せ出され、永野軍令部総長が恐懼して日光に伺候して、「本格的反攻ではございません」という大本営の判断を言上して思い止っていただいたとあります。戦時中の日本で常識で判断できる自由をお持ちだったのは天皇陛下ぐらいだったかもしれません。そんな常識的判断もできない戦略の下でむざむざ死んでしまった一木支隊の兵隊たちのことを考えれば「不仁」という言葉が重くひびきます。問題は、相手を知らなかったとしか言いようがありません。もっときびしく言えば、「己れ」を知らないのです。一木支隊は精鋭中の精鋭であり、士気もきわめて高い、という主観的事実だけを知って、相手との力関係における自分というものを知らないのです。

防衛体制にスキがないということは、客観的に、攻撃する側から見てつけ入るスキがないというのが本来の意味であるべきですが、日本ではともすると、刀槍、弓矢、甲冑（かっちゅう）、馬、旗指物がひととおりそろっていて、武芸の修練に怠りなく、いざというときの覚悟もあるという意味にとられます。「油断がない」ということと、客観的に「スキがない」ことは、別のことです。

佐野源左衛門常世のように、「いざ鎌倉」というときには、「痩せたりといえどもこの馬、錆びたりといえどもこの槍」だけはそろっているということで、武士レベルの覚悟としてはかくあるべきものですが、その上の戦略レベルまで同じ考えで、兵器の員数点検だけでスキがないといって満足しているのでは話になりません。あたら佐野常世のようなけなげな侍を犬死させてしまうおそれがあります。

とくに最近のように兵器のシステムも高価になり、限られた予算の中で何を買うかということになると、まず、日本以外の客観情勢について相当ヨミの深い判断をしてからでないと税金のムダ遣いになるおそれがあります。

そういう大局的な情勢判断や大戦略は本来軍事専門家がするべきでなかったことで、そういうことは他人にまかせていまの自衛隊は限られた任務にはげめばよいという考え方は、旧軍に欠如していた一つの見識であり、各国の例から見ても、おそらくはそれが正しいのでしょう。それならば、自衛隊外に、国際情勢全般の判断と国家戦略とを綜合的に考えることができるような機構か既存制度の運用が必要でしょう。

といって、日本の戦略思想の中に存在する伝統的な任務と作戦重視、情報と戦略軽視というものは、島国日本の歴史始まって以来の問題です。これは最も基本的な問題ですし、また、ちょっとやそっとのことでは改善できない根の深い問題です。要は、日本の情報戦略は、いままでやってきたことの、手直しだけでなく抜本的な改善が必要だという認識から始めなければならないということです。

もともと近代ヨーロッパのように、十七世紀以来、イギリス、スペイン、オーストリア、フランス、ロシア、プロシャがあい入り乱れて、あたかも中国の春秋戦国時代のようなパワー・ポリティックスを経験してきた国と、絶海の孤島の日本とでは、その経験の差と、そこからくるものの考え方がちがうのはどうしようもないことで、これは事実として認めるほかはありません。

ただ、そこまでは仕方がないとしても、日本にとって惜しかったのは、日本がパワー・ポリティックスの荒波にもまれた日清日露の戦争、そこで学んだ戦略の記憶が失われてしまったことです。日清から日露に至る十年間、日本があれだけ曇りのない眼で客観情勢を見られたのは、何といっても、帝国主義時代の真只中で、日本がギリギリの生存の正念場に立たされたからでしょう。

しかし、民は知らしむべからず、依らしむべし、という政治原則の下の体制で、本当の戦略を知っていた人はほんの少数だったので、危機が去ると同時に戦略的な考え方もすべて忘れ去られ、戦争の各局面において愛国心の発露と戦闘能力の発揮の記憶だけが残ってしまったわけです。

理由はそれだけではないでしょう。日本人が、中国人やヨーロッパ人のような国際政治感覚の発達している国民だったならば、政府が教えてくれなくても、おのずから戦略的な環境がわかりながら戦争をし、講和を迎えたのでしょうが、白村江と朝鮮出兵と神風の記憶しかない国民なので、日清日露の教訓を吸収する能力がなかったといえましょう。そして、明治維新をくぐり抜けてきたという環境の中で育ってきた明治の例外的な能力のある指導者が、国家の存亡という例外的な危機感の中で、心血を注いで行なってきた判断だっただけに、危機が去ると同時に忘れ去られ先祖返りしてしまったのでしょう。

お経の独り歩き

日露戦争後、日本政府部内の文書は、国防「方針」とか、国策「要綱」とかいう名称のものばかりになります。アジア大陸でフリー・ハンドを得たと錯覚したということもその背後にあります。列強の意図を読むことよりも、日本がどうするかを決めて実行することが対外政策だと錯覚したわけです。情勢判断も一応ついてはいますが、前置き程度のものか、あるいは本文の政策を正当化するための判断にすぎず、日本が一方的にどうやっていくかを決めるのが主眼の文書です。島貫氏も、明治四十年の「帝国国防方針」について、「それには説明的に世界情勢が述べられているが、これらはすべて陸海軍側の見方であって、双方が個別に自己の都合のよいようなことを陳述しているにすぎない」と評しておられます。

しかも、そういう前置き――役所用語では「お経」と言います――が、一度採択されると独り歩きして、その後の情勢判断や戦略まで拘束します。

開戦後四ヵ月でシンガポールと蘭印を占領したばかりの昭和十七年三月七日決定した「爾後の戦争指導大綱」は、その前置きの「世界情勢判断」で、米英が「大規模攻撃を企図し得べき時期は概ね昭和十八年以降なるべし」と書いています。これに拘束されて、その年の八月のガダルカナルでは、まだ敵の本格的反攻は始まっていないと信じて、敵の士気、装備を全部誤算して、あたら精兵を失います。戦勝気分の中で鉛筆をなめてこの情勢判断を書いた参謀は、これほどの「不仁」をなすとは夢にも思っていなかったでしょう。

情勢判断の手法は、『国家と情報』の中で詳しく書きましたが、ドゴールの言うように情勢というものは時々刻々変って、永遠の真理というものはありません。情勢判断は、状況がいかに変らないように見えても、毎週、毎日、そのつど新たな発想で書き下さなければなりません。そうすることによって、おのずから「変らないように見えて変った」情勢が反映されてきます。とくに、八月のガダルカナルはミッドウェイの敗戦から二ヵ月もたっているのですから、古い情勢判断をそのまま使ったことは怠慢のそしりは免れません。三月の情勢判断が改訂されるのは、十一月になってからで「米英の対日反攻は既に開始され」と修正していますが、もうそのころはガダルカナルでも東部ニューギニアでも、頽勢(たいせい)挽回は不可能な事態になっています。しかも、この時期でも、右の文章のあとに、「(反攻は)今後逐次激化して、昭和十八年後期以降いよいよ高潮して来る」と、三月の「大綱」のときの判断とのつじつま合せをやっています。ここまで修正すれば、もう別にまちがいということはありませんが、言わずもがな、まったく余計なことです。ちなみに、「昭和十八年後期反攻思想」は昭和十八年二月の判断にもそのまま残り、同年九月の大綱の際にもさらに薄められたかたちで残っていますが、歴史の経過に照すと、米軍が大海軍力でマリアナ、フィリピンまで進出してくるのは十九年になってからで、判断として、不正確でさえあります。

「過ちを改むるに憚(はばか)ること勿(なか)れ」というのが情勢判断の極意です。情勢判断で信頼できるのは、何度か情勢判断を誤った経験があって、「一寸先は闇」という政治現象の真理を知っている人の判断です。何でも、「俺の言ったとおりだ」などと言っている人の判断は危くて使えません。まして、まちがった判断を言葉のつじつま合せでごまかすなどというのは、もはや情勢判断ではありません。しかし、「お経」をすぐに固定化してしまう日本の習慣では、過ちを認めると「開き直り」のそしりを受け、咎める方も追及せざるをえない構造になっていて、情勢判断の客観性がどんどん失われてしまいます。

しかし「日本ではそういうものなのだ」と言っていてよいかというと、そうでもないようです。日露戦争の前後に、我々の先輩が情勢の判断に心血を注いだところはそういうことはありません。

日英同盟を推進した小村の判断は「小村意見書」のかたちで提出されていますし、満州の軍政を廃止させた伊藤の大論文は、会議における「伊藤演説」と呼ばれています。「方針」でも、「要綱」でもありません。これなら、それぞれの目的を達したあとで、後世の人達がその一字一句に捉われて発想が硬直化することもありません。むしろ、伊藤、小村の提言は、その後八十年間、墨守してもさしつかえないくらいの大文章ですが、こういうものは残らないで、残すと害があるものばかりが残ります。

それはある意味では当然で、将来を拘束する文章となると、手続きを重ねる必要があり、情勢判断というものは手続きを重ねるほど内容が形式化し、かつ、硬直化します。

手続きを重ねれば、それを起案した機構のせまいセクショナリズムの利益が全部反映されるか、少なくとも損われないように書かねばならず、それだけで客観性が失われるうえに、いったん決めたものを手直しすることが困難になります。とくに日本では各省間の相議制度があるので、優秀な官僚が、各省の利益を損わないように上手につくった判断というものは、その後いかに情勢が変っても各省が合意し直さないと書き直せないことになります。

そういう判断ならしない方がむしろ無害です。情勢判断は、伊藤や、小村の判断のように、あくまでも、その時点の懸案解決に資するように心血を注いでつくられるべきもので、その後の事態に際しては、歴史的文書として参考にはしても、自由な判断を拘束すべきものではありません。

また、政府の判断として固める習慣がつくと、今度はまちがいをおそれて、明快な判断を避けるようになります。もっとひどい場合は、先のことは言わないようになります。情勢判断担当者の質というのは、将来の見通しを立てては、それを現実の流れで検証するという作業の長年の経験によって維持できるもので、先の見通しを立てることを避けるようになっては、その質が落ちることは目に見えています。

問題は全部、情勢判断というものの本質に対する誤解から発します。国際情勢は「一寸先は闇だ」という一般の認識が存在していて、情勢判断と先行きの見通しは大いに尊重しつつも、その結果的な誤りは咎め立てをせずに、すぐに修正するという柔軟性があって、はじめて、判断の質が維持され、向上します。

明治四十年の「帝国国防方針」となると、でき上がってから半年にわたって明治天皇に上奏したり、西園寺総理より天皇にコメントを奉答したり、手続き面で念には念を入れて、文字どおり日本国防の大方針として確定させます。そして、その内容は、種々文章の練り直しはあったようですが、その原案の冒頭にある「帝国ノ国是ニ伴フ作戦ノ大方針トシテ、攻勢作戦ヲ以テ本領トナスヘキコトハ何人ト雖（いえど）モ異議ナカルヘシ」という思想を具体化したもの以外の何ものでもありません。そんなことまで天皇陛下に御了承いただいて、どういう意味があるかということです。

もともと、この攻勢重視は、日英同盟が改訂されて「攻守同盟」となったので、場合によっては英国を援けるための攻勢作戦も必要なので、いままでと異る兵力整備が必要だというのがその発想の元なのですが、天皇陛下に内奏した段階で、すでに、その元来の趣旨が不明確になっています。こんなことをしたのでは、その後の作戦思想が硬直することは避けられません。昭和三年の統帥綱領は、「作戦指導の本旨は、攻勢を以つて、速やかに敵軍の戦力を撃滅するにあり」としたうえで、作戦方針や計画はいったん決めた以上、その貫徹を期することとしています。まさに任務遂行重視思想です。

昭和五年の統帥参考書は、とくに「情報収集」という一章を設けて情報の重要性にふれてはいますが、その第一項の後半に、「情報の収集は最善の努力をつくすも、必ずしも常に所望の効果を期待し得べきものにあらず。高級指揮官は徒らにその成果を待つことなく、状況によっては、任務にもとづき断乎として主動的行動に出づるに躊躇(ちゅうちょ)すべからず」と、また任務重視を強調しています。ガダルカナルの敵は二千ともいうし一万五千ともいう、本格的反攻かどうかもわからない、むしろ主導権をとるために一つあたって見るか、という考え方が如実に出ています。

封建主義は親の仇

ところで不思議なのは、統帥綱領とか統帥参考とかいうものは、どうも日本の旧軍独特のもののようだということです。各国にあるのは作戦用務令程度の戦闘に際してのマニュアルで、ここまで高級指揮官の行動を規制しているものは、アングロ・サクソン戦略にはもとよりありませんし、日本兵学の源流であるドイツ兵学にも、同じものはない由です。日露戦争まではなかったもので、欧米の兵学にも源流を求められないものが、どうして日本でつくられて、ここまですんなり受け入れられ確立したのか、この理由は探究の価値がありましょう。

大原康男氏は『帝国陸海軍の光と影』の中で、「月並みな謂(いい)だが、個人的行動というより、どちらかといえば集団主義を好んで、自己主張をはっきり」させない「日本人の体質」を理由に挙げておられますが、その「体質」がどこからきたかということになると、私の仮説としては封建時代の儒学思想の影響ではないかと思います。

大原氏の指摘によれば、日本の綱領類の特徴は「倫理と戦理の未分離」と、「全員画一主義」にあり、「綱領の聖典化は典範令そのものの聖典化へとエスカレートする。その結果は知らない間に視野の狭さ、想像力の貧困、思考の硬直化という病理をもたらした」とのことです。

まさに封建時代、それぞれの藩がそれぞれの祖法、家訓をもってこれを墨守した伝統そのものです。その源泉は、儒教の倫理と政治が一体となった精神主義、上下の秩序を重んじる画一主義にあるように思われます。

おそらくは、明治以来、文明開化、近代化に邁進してきた日本が、日露戦争の勝利の結果、先祖返りしてしまったのではないでしょうか。徳川三百年、お家の掟(おきて)を墨守さえしていれば社会心理的に安定していられた日本人にとって、躍動する明治の精神は、一面重荷だったのかもしれません。もう一度「いままでどおり、何か決まったものをつくってくれ。それにしたがう方がずっと楽だ」ということになったのではないでしょうか。

そしてまた家訓というものはどんどんエスカレートして聖典化する傾向があります。お家の掟のようなものをつくって、一切の変更を許さず、これに反するとすぐに死罪ということになるのは中世的社会の特徴です。井伊直弼のように、「鎖国は祖法ではあるが、御朱印船の時代に戻ればよい」というようなことはよほどの勇気か、あるいは黒船のような外圧の下でなければ通りません。ガリレオのように「それでも地球はまわっている」と言える自由を日本に確立するためには、日本の歴史の中の例外的な時期と言える日清日露の時代の自由闊達さに、その源泉を求めるのが最善の方法と思います。

与謝野晶子が「君死に給ふことなかれ」と詠ったのも日露戦争中です。こういう自由は、その前の旧幕時代も、その後の軍国主義時代もありえなかったものです。また、逆に戦後の時期に「自分の国は守らねばならない」という愛国主義を詠った詩人がいたとすれば、マスコミからいかに迫害、あるいは抹殺されたかと思うと、日本の画一主義がいかに根深いものかわかります。福田恆存氏がつねづね、「日本には言論の自由がない」と慨嘆されるのもそのことです。政府の強権によるものでなく、社会の集団的な掟のようなもので抹殺されるわけです。いまでも、言論や発想の自由を確保して、情勢判断の客観性を求めるためには、「封建主義は親の仇(かたき)」であると言えましょう。

機構面の改善

どうすれば、この伝統的な情報軽視から脱しうるのか、また、情報を扱う場合の画一主義、主観主義を克服しうるのか——これは容易なことではありません。

情報強化というとすぐ人工衛星などを考えますが、ハードウェアの問題はお金で解決できることです。予算、定員はもちろん大事なことで、そのことも充分考えねばなりませんが、政策論の中でいちばん困難な政策論は、国民や指導者のものの考え方から変えてほしいという場合です。

情報についての日本の指導者の態度は欧米諸国とは明らかに異ります。戦後のアメリカの大統領、国務長官、国防長官の日課は、ほとんど例外なく、朝の出勤の車の中か、朝の執務時間の真先に一日の情報のまとめを聞くことから始まります。それも日々の懸案処理から分離した純粋な情報判断だけです。ヨーロッパの首相、外相の日課も私が知っているかぎりそういうことが多いようです。とくにヨーロッパの外交官は、コクテールで会ったとたんにWhat is new? ということで、その日に知るべき情報を全部知っていて、そのうえで、新しい聞き込みや、自分で考えた判断をもっていないと、会話の相手になれません。

これは四囲の情勢の変化に四六時中気を配っていないと、国の存立はもちろん、各家庭の経済にも影響するというヨーロッパの環境からきているものです。キューバ危機などがあると、たちまち、パリの店頭から砂糖が消えてしまう、というのがヨーロッパの庶民の情勢判断感覚です。庶民でも時間ごとのニュースだけは必ず聞いています。

アメリカは、伝統的に、島国的孤立主義的傾向の強い国で、国際情勢音痴、国内事情優先の国でしたが、二度の大戦をへて世界のリーダーシップを負わされて、そうもしていられなくなって、戦後、情報事務については数々の機構改革を行なっています。

日本も過去の地理的歴史的環境から考えても、また、戦後長くアメリカの庇護下に安逸を貪っていたことからも、情報に関心がないのは、むしろ当然のことですが、ここまで国際的に成長して、しかも有事に際して脆弱な日本の安全保障、経済の体制を思えば、本当は、少なくとも政策責任者は同じくらいの感覚をもつべきなのでしょう。

といっても、「考え方を変えろ」という政策論はあまり意味がありません。できることは機構面で何とか改善できないかということです。その場合、日本にとっては、アメリカが戦後、情報音痴を克服していった過程がいちばん参考になると思われます。

情勢判断の手法については『国家と情報』に詳しく書きましたので、ここではくり返しませんが、要は、情勢判断を行なうにあたっては、(1)あくまでも客観的であること、(2)柔軟であること、(3)専門家の意見をよく聞くこと、(4)歴史的ヴィジョンをもつことの四点です。この中で、歴史的ヴィジョンをもつことについては、機構改善で、歴史を読む習慣のない人に歴史をもっと読むようにさせようというのは無理な話ですが、はじめの三点は機構である程度改善できます。

機構面の改善は、一言で言えば、伝統的な画一主義をいかに改善するかということです。

また、情報と日々の懸案処理の分離ということが課題になります。

情勢判断が客観性を失う理由はいくつもあります。まずは情報収集能力が低く、情報源が偏っている場合もありますし、集めた情報の分析能力が未熟で視野のせまい一方的な判断が出てくることもあります。そういう基本的技術的な問題点は情報担当者を充分に訓練することで克服できますが、そのうえで、古今東西普遍的な現象として、最後の問題点は、政策判断が情勢判断をまげてしまうということがあります。

ここで戦後アメリカで言われているのは、日々の懸案処理の担当部門と情報事務の分離です。日々の懸案処理の担当者ともなると、何日も交渉案件に忙殺され、とくに海外出張中などは、日々の情勢の流れを仔細に見つめることに空白ができるのは避け難いことですし、また、懸案処理の前提となる時々の政府の方針にとって都合の悪い情報はつい閑却されることになるおそれがあります。その観点から国務省の中ではINR(情報・調査局)、国防省にはDIA(防衛情報庁)があって、政策決定、実施機関とは独立の視点から情報を分析していますし、さらに、政府部内ではCIAが独立の情報機関として、政府中枢に、これも懸案処理と切り離した情報を提供しています。

ここで、一つ、よく起りがちな誤解があります。情報と政策の分離が必要だというとすぐ、それでは懸案処理部局から情報事務を切り離せばよい、ということになりますが、これは情報事務の本質を解さない議論です。情報なくして政策というものはありません。とくに外交、防衛等の対外政策においては、情勢についての自らの見識を有せずに日々の懸案を処理することはできません。

情報事務というのは他の行政事務とははなはだ異る性格をもっています。むしろ、行政事務そのものというよりも、その前提となる行政担当者の知識、判断力の一部をなすものともいえます。したがって、DIAがあっても、陸海空の各参謀総長はそれぞれの情報幕僚をもっています。もっと極端な例として、中隊でも、本部の情報だけに頼らず斥候を出します。

普通、同種組織が多い場合、その統合が問題になるのは、主として決定権の競合が起るのを防ぐためですが、情報事務にはもともと許認可権限などありませんから、その意味での統合の利益はありません。

さらに情報については有権解釈ということさえありえません。課長が「ソ連軍のポーランド介入はある」と言い、部下が「ない」と言っても、その見通しの当否は、結果が決めるのであって役職が決めるのではありません。戦後の二大クレムリノロジストといわれるドイッチャーを局長にして、ゾルザを課長とする統合機構をつくってみても、情報の質は向上するどころか、かえって両方の長所を殺してしまうことになりましょう。

一寸先は闇の国際情勢で、複数の情報判断をもっていることは判断の柔軟さを確保するためにきわめて有益です。一九八〇年代半ばごろのソ連の石油需給について、CIAは不足する、DIAは足りるという異った見通しを出しています。CIAの方を多数説として、一応これに沿って政策を決めるとしても、情勢がちょっとでも変ったときに、DIAの見通しも同時にもっていることは、懸案処理の責任者にとって心強いことです。結果としては、必ずどっちか、あるいは両方が誤りとなりましょうが、そんなことより、現時点において、つめにつめた分析があることが重要です。最近も、INRが対ソ禁輸の有効性に疑問を投げかける分析を行なったと新聞が報じていました。

画一性指向の強い日本でこういうシステムを導入するには、情報扱いの考え方自体の軌道修正が必要となりましょう。判断に多様性があると、日本では、野党、マスコミが政府部内の不統一を攻撃し、政策決定者も、「いろいろの判断があっては困る。一つにまとめてもってきてくれ」という反応を示すことが予想されます。とくに、右のINRの分析のような場合は、「政府の政策に弓をひくのか」というお叱りを受ける可能性が大です。

これを解決するには、懸案処理と情報の分離――より正確に言えば、日々の懸案処理の部局とは別に情勢判断の部局を強化すると同時に、国会、マスコミ等に対する説明ぶりを、「複数の情勢判断を有することは情報の精度を向上させ、事態の変化に応じて柔軟な対応を確保するのに有益である」という線に沿って統一する要がありましょう。逆に考えれば、日本のような画一主義の国では、こういう方向に意見統一をしようとすることも意外に簡単かもしれません。そう決めさえすればよいのですから。占領後命令一下、民主主義になり、価値の多様な社会を実現した例もあります。

こうして情報の多様化を実現する一方、情勢判断の質を向上させるための機構上の改善策としてもう一つ必要なのは、各情報機関のせまいセクショナリズムの打破です。いままで述べたことは、政府、社会全体の態度の問題ですが、セクショナリズムは情報機関自体が自戒すべき点です。

情報担当者というものは本来狭量なものです。秘密保全に良心的であればあるほど、他への情報の出し惜しみをします。また情報入手に精魂を傾ければ傾けるほど、自分の機関が得た情報は、他の機関に知らせず、自分の手柄として、直接、政策決定者に伝達しようとします。こうやって一つの機関が他の機関に対して情報の出し惜しみをすると、今度は、これに情報を出させる手段として、あるいは報復として、情報の流れを細くすることになり、悪循環の結果、縮小均衡が起きます。

これについては、まず、情報の分析と情勢判断については、その内容の緻密さと、見通しの正確さを競い合うことは大いに奨励するとしても、その元になるナマの情報については、隠し合うことはアンフェアーだという原則を確立することでしょう。もちろん道徳律だけで事態を改善することは困難ですから機構上の解決策が必要です。一つは、情報機関相互で情報を交換し合う合議体をつくることですが、これでも情報の出し惜しみは根絶しえません。

より重要なのは、上部に情報を伝達する場合、できれば事前に、やむをえない場合は事後に、どういう情報を上部に伝達したかを、情報機関間で連絡し合うことです。

米国ではCIAが政府首脳に情報を伝達するに際し、できるかぎり各情報機関と協議して調整した意見を提出し、反対意見がある場合はそれをあわせて記載して提出すると言われています。

こうして、上部に対して、自分が知らないうちに他の機関が何を言っているかわからないという疑念を払拭し、また上部の人も、下から上がってくる情報は他の機関も承知しているものであり、もし異る意見があれば必ず付記されているか、あるいはあとから上がってくるという安心感があれば、情報機関間の過当競争は生じません。またそういうシステムが確立していれば、各機関の張り合いのためにナマの情報を隠し合うということも実益がなくなってしまいます。

こうすることは情報の精度を向上するために不可欠です。独占はどんな場合でも、質を低下させます。情報が合議体の討議をへていれば、甘い判断はおのずから淘汰されますし、また、上部への報告後、他の機関にその内容が知られるということになれば、あとで笑われないようにということで、情報の分析はおのずから緻密になります。

また、何よりも、その機構だけの利益になるように偏った判断はできません。各機構のセクショナリズムに捉われない、真に国家的な観点から取り上げられ、分析された情報こそが、政策判断に必要な情報です。要は情報の多様化を認める寛大さ、柔軟さと、情報機関間におけるフェア・プレイの精神を確立することです。

専門家の重用

最後に、情報分析の水準は、情報専門家の質と量によって決まります。専門家の数は多々益々（ますます）弁じます。担当する正面がせまければせまいほど、関連する情報を深く読む余裕が生じます。また二人の人が相互に重複する分野をもつことも情報の精度向上に役に立ちます。

一般に情報事務は人事管理が楽です。皆がそれぞれの分野で専門家としての誇りをもち、自分のペースで仕事をしているのですから、管理者としては、情報の内容の向上にさえ気をつかえばよいので、誰によい仕事を与えたらよいかとか、どうやってそれぞれの専門家に生きがいを与えてはりきってもらうか、というようなことを考える必要がありません。ほとんどの専門家は、自分の特定の分野に一生を捧げてもよい気持になります。必要なのは、このような一種の「情報馬鹿」になる気持のある人々に、安定した生活環境を保証することです。

要は、その専門知識を末長く活用できるようなシステムをつくることでしょう。アメリカでは、政府退職者の多くは大学や研究所に移ってその専門知識を活用されますし、また、INRなど政府機関には多くの民間専門家が登用されています。もっと具体的にいえば、政府付属の研究機関を強化して、政府と民間との交流を密にし、また、委託研究や、専門調査員制度を強化して、民間専門家の政府への登用や、退職専門家の活用をはかることでしょう。つまり、日本の社会の中において、情報専門家、地域専門家に、確固たる市民権を与えることです。

従来よりも若干の経費はかかりましょうが、政府予算からみれば微々たるものです。まさに冒頭に引用した孫子の、情報のための人件費、「百金を惜しんで敵の情を知らざるものは、不仁の至りなり」という言葉がそのままあてはまります。

第十一章　日本の同盟戦略

唯一可能な選択

日本の対外政策のパートナーとして、米ソ二大勢力のどちらを選ぶかという問題については、もはやあらためて論ずるまでもないと思います。いままで私がながながと述べてきたことの論理的な帰結は、アングロ・サクソンが当然かつ、唯一のパートナーだということです。また、日本国民は、開国以来百三十年間、三国干渉や日露戦争や第二次大戦末期等の経験をへて、この選択についてはすでにはっきりした答えをもっています。したがって、いまさら、どっちの勢力が日本にとって危険だというようなことをくどくど言うまでもないと思います。

しかし、これを与件と考えたうえでも、まだ日本の国家戦略上種々の選択の余地は残ります。

第一に、アメリカが好ましい国であり、また日本は先進民主主義国の一員だということは認めたうえでも、スウェーデンやスイスのような中立の選択はありえないかということです。私個人としては、純理論的には、この親自由陣営、重武装中立の選択肢はありうると思っています。アメリカの戦略家のあいだでも、親西欧、重武装中立のスウェーデンの方が、防衛努力に熱心でない一部のNATO諸国よりも、有事の際の自由世界の戦略において頼みがいがあるという意見は少なくありません。

ただ、この選択は、日本ではかつて、いかなるまとまった政治勢力からも、また、影響力のある評論からも、提案されたことがない議論ですから、ここで考える実益はありません。もともと戦後の日本の防衛論争は、「自衛のための必要最小限」の防衛力をもつことがよいかどうかですでにモメているのですから、「重武装」などは問題外だということだったのでしょう。そして、また、その裏には第六章で述べた、日本の民主主義に対する自信のなさ——いったん重武装したら軍国主義になってしまうという心配——があるのでしょう。

第二に、歴史の上でくり返し出てくる議論として、アングロ・サクソンを味方にするのはよいとして、何とかロシアを刺戟しないですませたい、ということがあります。

伊藤公が日英同盟の直前までロシアとの妥協の道を探求したのも、西大使が六〇年安保改訂に反対したのもここからきます。最近では、日米安保の堅持と防衛努力には異存はないとしても、ソ連の潜在的脅威には言及したくないという考え方にあらわれてきます。しかし、いままでの例では、最後にどちらかということになると、太平洋戦争直前の一時期を除いては、アングロ・サクソンとの協力重視の大原則がつねにまさっています。

たしかに、ロシアを刺戟しない方がよいことは当然で、できるかぎりそうするのが外交ですが、同盟というものは元来、第三者の潜在的脅威に共同して対抗するものですから、第三者をまるで刺戟しないということはありえません。英語で You cannot eat a cake and have it too.（二兎を追う者は一兎をも得ず）と言います。できるかぎり刺戟しないことはもとよりよいことですが、国民に本当のことも言えないことになると「戦略的白痴」状況が生じて、肝腎の同盟の基礎が揺らいできます。

ドイツやフランスが、ソ連を明白に仮想敵とする米国との同盟に加盟しながら、大いにデタントを推進してきた例もあります。まず一つのことをはっきりさせて、それから次のことに進むようにしないと、まさに、一兎をも得ないことになりかねません。

ソ連の潜在的脅威を国民にはっきりと認識してもらったうえでならば、あとは戦術的問題です。あまりに潜在的脅威を強調すると「国民に恐怖感が生じてフィンランド化する」、あるいは「日ソ関係によくない」とか、逆に、潜在的脅威を強調してこそ「国民が防衛努力を理解する」とか、両方の議論がありえましょうが、いずれも戦術的考慮ですから、いつもどっちかでなければならない大原則というものではなく、その時々の情勢によって緩急よろしきを得ればよい話です。いずれにしても、アングロ・サクソンとの協調という戦略さえ誤らなければ、戦術にはもともと一長一短あり、短所はいつか補えます。ただ注意すべきことは、戦術的考慮からソ連の潜在的脅威を低く表現するあまり、日米の防衛協力の必要という大戦略の基礎まで揺がすことがないようにすることだけです。

もう一つ、これも日本の近代史でくり返して出てくる代案(オールタナティヴ)はアジア主義です。アジア諸国の人的物的資源を糾合すればロシアの脅威に対抗できるとか、あるいはさらに、ロシアとアングロ・サクソンの両方と拮抗(きっこう)して、どうにかやっていけるのではないか、という考え方です。

もとより、近代の世界における力関係で、そんなことができるはずもありません。日本軍国主義の最盛期で満州、朝鮮の資源を抑えたうえでも、日本はロシアまたはアメリカ一国と一対一の勝負で勝つ力はありませんでした。ヨーロッパにおける戦争とロシアの革命とアメリカの孤立主義でできた極東の力の空白の中で勝手なことをしていただけです。

したがって過去においてアジア主義というものは、パワー・ポリティックスの論理的必然として出てきたことは一度もありません。明治の民間のアジア主義のように、理想主義、センチメンタリズム、あるいは大日本帝国発展の夢から生まれるか、あるいは一九三〇年代のように国内の欲求不満のはけ口を正当化する理論として出てきます。第二章の末尾で述べたように、アジア主義がパワー・ポリティックスにおいて何らかの意味をもちうるのは、アジア諸国が連合してアングロ・サクソンと結んで、ロシアの脅威に対抗するときです。

しかし、反対に、もし将来日本において、アジア主義が再び国民大衆の自己主張の欲求を満たす役割を果すとすれば、それはおそらく、日本が日米安保体制の中で二次的役割に甘んじつつ安全第一を心掛けていることにあきたらなくなって、日本の対外政策の中に何か「夢とロマン」を求めようという心情が原動力となるのではないか、ということです。その場合、アジア主義は再び日本の親アングロ・サクソン路線に内側から亀裂を入れることとなりましょう。

アジア主義そのものは別に悪いことではありません。日本が歴史的、地理的、人種的にアジアに属するのは疑いのない事実ですし、アジアの諸国民に共感を感じるのは自然の情です。ただ、パワー・ポリティックスの観点からは、それはまったく別のことですから、それはそれとして現在の世界の力関係の中で、日本国民の自由と安全と繁栄を守るにはアングロ・サクソンとの同盟しかない、という国際政治の現実さえ見失わなければよいのです。

同盟戦略

日本にとっては、同盟戦略というのは経験の乏しい分野です。枢軸同盟などは名ばかりでした。戦場がまるっきりちがうのですから、兵力の配分の問題も起きていません。元来その主たる対象であるソ連を敵とするか味方とするかの基本戦略からして、充分な連絡がないのですから、何のための同盟かよくわかりません。

一種の弱者同盟でしょう。弱者同盟の問題点はすでに述べたとおり、力のプラスにはあまりならないわりに、強者を感情的に刺戟することです。日本としては、ナチスと同盟しているということで、ただでさえ真珠湾を攻撃しているうえに、アメリカの対日イメージを徹底的に悪くした効果は否めません。

やはり日英同盟がいちばんよい参考になります。次頁の表は、同盟締結の翌年、日露戦争の前年である一九〇三年に英国海軍情報部が作成した表ですが、同盟によって、極東における英国の立場がいかに改善されたか一目でわかる表です。

この背後にも経緯はあります。英国にとって、同盟の目的は日本の海軍力にあるのですが、同盟交渉の過程で、日本側は、日英それぞれが、東洋で最大の海軍力をもつ第三国、つまりロシアよりも優勢な海軍力をもつ努力を義務づけようとします。ところが、それでは日英同盟のおかげで極東から手が抜けると思っていたイギリスのアテがはずれるので、英側は頑強

		装甲艦		非装甲艦	
		戦艦	巡洋艦	巡洋艦	魚雷艇
ヨーロッパ		英37 仏露33	英13 仏露11	英46 仏露29	英160 仏露282
	優位	英4	英2	英17	仏露122
中国、日本海域		英4 日6 露6	英1 日6 露3 仏1	英8 日16 露7 仏4	英13 日83 露35 仏3
	優位	英日4	英日3	英日13	英日58
豪州、太平洋、東南アジア		0	0	英16	英7
東方における優位		英日4	英日3	英日29	英日65

（英国海軍情報部 1903年5月25日）

に抵抗して、表現を和げたうえに、義務とせず、精神規定とすることでやっと合意します。現に表を見ればわかるとおり、英国が極東で、戦艦、装甲巡洋艦の数でロシアに拮抗しようとすれば、ヨーロッパにおける英国の優位のマージンがほとんどなくなるようなきわどい状態です。結局は、日本の防衛に直接関係のない太平洋全域の旧式巡洋艦まで全部勘定に入れて、総トン数ではどうにか条約の精神を守っているかたちになっています。また、そういう条件においてのみ日英同盟締結が可能だったことは、交渉の歴史が示すところです。

同盟とは、もとより加盟国の共通利益のために相互に協力することですが、兵力の配分の問題となると、それぞれ自分の都合のよいようにしたいのは当然です。とくに、片方がグローバル・パワー、片方がローカル・パワーの場合はグローバル・パワーがどのくらい兵力を割いてくるかが主要な問題点になります。

日英同盟の場合は、兵力の配分そのものが同盟交渉の主眼になっていますが、日米安保条約の場合は、日本の防衛力漸増を漠然と規定しただけで、同盟はすでに存在するのですから、その後の情勢に応じての防衛力の分担が同盟の維持のための最も重要なポイントになってきます。そして、合理的な防衛分担を実施していくための同盟間の交渉が、今後の日本外交の最重要課題の一つになると予想されます。

もちろん、どのくらいの戦力が必要で、どういう分担が適正かということは、日英同盟のときの英国海軍情報部の表ほど簡単にはいきません。武器体系も、それを使う双方の戦術も、はるかに複雑になっています。日本の自衛艦隊の主な任務が対潜水艦作戦であるということだけでも、ただ、日本とソ連の総トン数を比較するだけでは何も結論が出てこないことはよくわかります。また、兵力の機動性が高まったために、日英同盟のころのように極東の戦力とヨーロッパの戦力は相互に転用できないものと、はっきりわけて考えるわけにはいきません。空軍力においてはとくにそうです。ということで、現在は、極東ソ連軍のどのくらいの部分が中ソ国境に「釘付け」されているか、アメリカの太平洋艦隊のどのくらいの部分がインド洋、東南アジアに必要か、さらには、米本土からの来援能力がどのくらいかで、日本周辺の軍事バランスは全部ちがってきます。そして、また、このバランスは、日本周辺の有事の際に、同時に、中ソ国境、インド洋、東南アジア、さらにはヨーロッパがどうなっているかという情勢判断によって全部ちがってくる性質のものです。これを見極めるには、政治、軍事を綜合してみる高度の情勢判断と、国際情勢の種々なシナリオの緻密な研究の必要が出てきます。

こういうことで単純な計算はできませんが、いまの段階でも、大ざっぱな感じは摑んでおくことは有益でしょう。各種専門家の数字などを綜合しますと、現状における結論としては、日本周辺の有事の際に、使用が可能なソ連の戦力と日米の戦力を比較しますと、(1)日米側の方が不足している、(2)不足の程度は、不足分をかりに全部日本の防衛力増強だけで埋めるとしても（実際は日米両方の協力で不足分を埋めることになりましょう。現にF－16が四十数機三沢に配備されれば、それだけ差が埋まります）、現在の計画の下の自衛隊の正面戦力（後方の充実は別の問題です）の倍増の必要まではない、の二点はいまでも言えると思われます。

具体的な例で言えば、極東ソ連の作戦機は二千百機（うち戦闘機千六百機）です。このうちどのくらいが中ソ国境に「釘付け」されるかが、まず情勢判断の大問題ですが、それは全部シナリオによって異るとして、かりに半分とすれば千五十機です。日本側は、現在三百機強、大綱達成時約四百機です。在日米軍は、三沢に来るF－16を入れて約百五十機です。千五十対五百五十と考えればほぼ半分ですが、いずれにしても数字自身大ざっぱなものですし、ソ連の機数には爆撃機、哨戒機も混っていますし、また、日本のF－15、三沢のF－16が全部入れば、質的には日米側の方が優位ですし、守る方は地対空ミサイルも使えるという利点があります。他面、日米側は飛行場の数が圧倒的に少ないとか、日本の基地には抗堪性（こうたんせい）がないとか、マイナスも多々ありますが、そんなことを全部勘定に入れたうえで、「どうも足りないようだが、倍は要らない」という感じは充分つかめると思います。

この感じがわかれば、今後軍事的合理性のある防衛力増強をしていくのに際して、「それでは際限のない軍備力の増強につながる」という心配を払拭できるのではないでしょうか。

逆に、最大限でもいまの倍は要らないということでは、依然として、国家経済の中に占める比率ではNATO諸国よりはるかに少ない費用だが、それでNATO並みの安全が得られるという虫のいい話があるのだろうか？　という疑問もありえましょう。

しかし、いままで分析してきたとおり、日本は海に囲まれているということで、ドイツとは比較にならないほど地理的にめぐまれていること、在韓米軍のおかげで西の方は手が抜けること、中国という独立の存在がソ連の行動の制約要因となっていること、そして、通常地上兵力で過去三十五年間いつも劣勢だったNATO正面と異って極東の軍事バランスが悪化したのは、ほんのここ四、五年におけるソ連の急速な増強の結果だから、いまからでも努力すれば何とかなる、というような条件が一緒になって、日本の防衛が比較的安くすむ環境をつくっています。

さて、次はこの不足分をどう埋めていくかということです。

日本にとって最も都合のよい考え方は、この不足分を全部アメリカからの増援に期待することです。もともと空母ミッドウェイ一隻分ぐらいの増援は、折り込みずみですが、そのうえに足りない分は全部アメリカが増援してくれれば、こんな楽な話はありません。これが可能かどうかは、シナリオによります。日本以外の地域で戦争のおそれがまったくないような場合ならば、太平洋の六個空母機動部隊を全部日本周辺に集めることも可能ですし、もっと極端な話、韓国の米第二師団をもってくることさえ可能ですから、全部米国まかせでよいことになります。

しかしすでに述べたように、日本が戦争にまきこまれるのは、すでにどこかで世界戦争が起っているか、世界戦争が必至と思われるときでしょうから、その場合、米国の来援能力には限りがあります。ペルシャ湾の戦争が波及する場合を考えただけでも、インド洋には機動部隊が二つはすでに行っているでしょうし、カムラン湾、ダナンに面する南シナ海はほうっておけないでしょうし、北西太平洋のどこかでソ連艦隊との海戦も予想されますし、その上に朝鮮半島有事も考えねばならないということになると、いまある機動部隊を全部使っても足りないくらいです。そうなると陸上部隊を本国やハワイから極東に海上輸送するのをバックファイヤーから守るために、空母機動部隊の護送をつける余裕があるかどうかもわかりませんし、といって、空挺師団はペルシャ湾用の虎の子でしょう。

戦術空軍はふりまわしが効くので、迎え入れる日本の基地さえしっかりしていれば、ある程度来援の期待はもてますが、これも、米本土の立場から見ると、ヨーロッパや中東で同時に戦闘が始まっていると、大変忙しいことになります。

右は、アメリカからの増援期待のシナリオの中で最悪のケースと言えますが、日本をとりまく軍事環境において、局地戦は日米安保で抑止されていてほとんど起りえない反面、もし戦争があるとすれば、この最悪の事態が、同時に、可能性の最も大きい事態であると考えねばなりません。

このような事態を想定しながら、日本の安全を守るにはどうしたらよいかというと、結局は、不足分のほとんど全部を、日米の極東戦力の今後の増強の努力によって埋めていくのが日本の安全のために、最も危っかしくない考え方だ、ということになりましょう。といって、これが「際限のない軍拡」でないことはすでに述べたとおりです。

この不足分を日米共同で埋めていくに際しては、日米間の緊密な協議が必要なことは言うを俟ちませんが、その過程でも今後数々の問題が生起しましょう。日本がこれから防衛力を増強していくのに際して、日本としていちばん困るのは、さきの日英同盟の例もあるように、今後日本が防衛努力をするにつれて、日本周辺からアメリカが手を抜いてしまうことです。

もちろんアメリカにも言い分はあります。日本はもともとアメリカにおぶさりすぎなのだから、あるべき姿に戻っていくだけだという議論もありえましょう。また、アメリカのエネルギーの中東石油依存度は日本よりはるかに低いのだから、インド洋の石油ルートを守るということは、アメリカのためよりも、日本のためにやっているのだし、しかも、日本は中東の資源確保のために軍事的には協力しないというのだから、日本の能力が増えて楽になった分だけインド洋に行くのは当然ではないか、とも言えます。また東南アジア諸国としては日本の防衛力増強を支持するとしても、それは、日米安保体制の枠内で、日本が努力する分だけ、米国が東南アジア防衛の余力が生じてくることを期待してのことであることを明言していいます。その意味では東南アジア諸国の安定に大きな関心をもつ日本にとって、文句の言える筋合いでないともいえます。

しかし少なくとも、日本が防衛力を増強するにつれて、太平洋、インド洋のアメリカの兵力をNATO方面に転用されたり、またそうでなくても、今後の米戦力の増強分の配分が明らかにNATO偏重であるような場合は、日本の防衛政策が国内的に苦境に陥ってしまうことは明白です。

いくら日本が増強しても、増強分が日本の安全の改善につながらないということでは、いままでどおりアメリカまかせの方が楽だということにもなりましょうし、逆に、そんなアメリカなら頼りにならないから自主防衛だということにもなりましょう。米国の対日基本戦略は、サンフランシスコ平和条約以来、軍国主義でなく、かつ、信頼できる防衛力をもったパートナーとしての日本に期待するということですから、いずれの場合も米国の国家戦略にとって得にならないことは、米国にも納得してもらえるのではないかと思います。こういう意思の疎通、あるいは一歩進んで、相互のコミットメントが、今後の日米外交の最も重要な課題になってきます。

最後に同盟戦略にとって最も重要なのは、アメリカの世論の動向についての正確な判断と対策です。アメリカの世論というものは、七十五年前に伊藤公が指摘したとおり、行政府の意向をもオーヴァー・ルールするような強力なものです。どんなアメリカの政治家でも、政治学者でも、いったんアメリカの世論が動き出せば、それが理屈が通っているかどうかは問題外となって、動かし難い与件として扱います。

第一次大戦、第二次大戦を通じて、ヨーロッパ諸国が、期待に息を殺して見守っていたのは、アメリカの世論がいつアメリカの参戦を許すに至るだろうか、ということでした。かつてドゴールがことごとくにアメリカに逆らったときに、フランス国内のドゴール批判者が言ったことは「アメリカの危険は介入主義ではなく、孤立主義にある」ということでした。

しかしもうその問題は、NATOと日米安保条約で解決しました。アメリカ軍は現地にいるのですから、もう、世論の納得を得て、複雑な議会の手続きをへて派兵する必要はなくなりました。

残る問題は、アメリカのコミットメントを揺がさないようにすること、また、コミットメントそのものは残っても、その実体を薄められないようにすることです。

第六章で書いたとおり、先進民主主義国の一員として、平時に、これだけの恩恵を受けている日本が、いざというときに協力しないと言った場合のアメリカ世論の反撥の恐ろしさというものは、アメリカ人の有識者に一人一人会って確かめるほどに、私自身の想像を超えたものだということがわかってきました。日本が中立しようとしたとたんに、アメリカのコミットメントはなくなって、「その中立はいつ侵害されるのかわからない状態になる」可能性も排除できません。何か、日本が重大な政策決定をするときに、アメリカの世論がどう動くかという読みは、いくら綿密にやっても、やりすぎることはないくらいです。

もう一つはすでに述べたように、日米間の協議を重ねて、米国のコミットメントを、一つ一つ日米間の合意として積み上げておいて、世論の変動の影響を小さくしておくことです。もちろん、そのためには日本も応分の条件を受け容れながら、合意をつくっていかねばなりません。これはNATO諸国がすでに三十年以上やってきたことです。日本もNATO諸国とは国情が異る点はありますが、日米間の協議を積み重ねて、アメリカのコミットメントを確固たるものにする作業を続けること自体はとくに異論のありうべき問題ではないでしょう。

日米間の戦略協議

日米の戦略協議は、今後は日本外交の基本的課題となるのではないでしょうか。これは、狭義の日本の防衛の必要から生じてくるものだけでなく、より長期的に、今後二十年、三十年にわたる日本の対外路線の決定にかかわる問題と思います。

日本の防衛というものは、今後予見しうべき将来は、日本の安全のためという軍事的合理性と、軍国主義復活を警戒する内外の政治的反応とのあいだの細い道を歩まねばなりません。軍国主義復活の批判を避けるためということで、防衛力の水準を軍事的合理性が必要とするもの以下に抑えていると、日米関係はいつまでもギクシャクしたままでしょうし、そのうえ、国内では、当然「これで日本の安全は大丈夫か?」という危惧が一部で高まり、逆の極端に走る危険の下につねにさらされることになります。軍国主義の批判を避けるために、逆に軍国主義化のタネをつくるおそれもあるわけです。他面、軍事的合理性だけで防衛力増強を追求していくと、日本にはその気はなくても、周囲の国から、「いつそこから先に一歩ふみ出すか?」という疑惑の眼で見られて、軍事的合理性に基く防衛力増強にさえブレーキがかかるおそれがあります。これはアジア諸国だけでなく、長い将来を考えればアメリカという国も世論の動向で、政策が急転する国ですからどうなるかわかりません。せっかくアメリカの期待の下に防衛努力をして、かえって、再び国際的孤立の原因をつくることになっては、まったくつまりません。

これに対して現在考えられる唯一の有効な対策は、日米双方の緊密な協議の下に、長期的な防衛計画についての意見の一致を達成することです。NATOのLTDP（長期防衛計画）は十五年間の長期にわたるもので、NATO加盟国全員が毎年実質防衛費を三％ずつ増加する決定と同じころ合意され、加盟国間のコミットメントとなっています。

もちろん、日米とNATOでは事情が異りますから、内容もちがいましょうが、もし何らかの意見の一致ができれば、短期的な効果としても、これで、防衛問題に関連する日米間の過去数年間のようなギクシャクした関係はなくなりましょう。その結果、日米間の問題は貿易問題だけとなりますが、貿易の問題は、防衛の方さえ片づいていればいろいろと妥協で解決する方法がありましょうから、日米関係をより安定した基礎の上に置くことができます。

より長期的には、日本と友好諸国との関係を長期にわたって安定したものにすることができます。アジア諸国が日本の防衛努力を支持しているのは日米安保条約の枠内という条件の下でですから、日本の防衛力の増強が日米間の完全な協議と合意の上に立つものであり、その用途も緊密な作戦協力によって米国が知悉（ちしつ）しているということならば、軍国主義復活の心配は払拭されます。米国内の議会内、学界、専門家のどこを探しても、日本の軍国主義復活を希望する人は皆無ですし、もしそのおそれが生じれば拒否権を使うことは明白ですから、米国との合意の上に立つ以上は、軍国主義復活の批判は、少なくとも友好国からはなくなります。

およそ、他の国に影響を与えるような対外政策というものは、関係諸国の充分な了解の下に行なうのが外交の原則です。帝国主義が他の民族に犯した罪の評価は別の問題として、日本が朝鮮を併合しえたのは、英、露、米のそれぞれから、併合しても文句は言わないという了解をとりつけた上だったからです。それに反して満州に進出して、結局は大日本帝国の破滅を招いたのは、米は終始反対、英は一度も支持せず、満州折半を約束した帝制ロシアは滅んでしまったのに、独りで強引に出ていったからです。

現在の日本がとりうる政策で、対外的にそれほどの影響を与えるものはありませんが、防衛力の増強は、潜在的には国際的影響の大きいものと周辺諸国から考えられています。そういう種類の措置をとる場合、関係諸国が納得するような具体的な内容を示し、明示的にでも黙示的にでも了承を得ておくことが必要です。「貴国も日本の防衛力増強によって米国の東南アジア防衛の余力が出ることの必要を認めたように」とか、「貴国も、日米安保体制の枠内なら支持すると言ったように」とか、相互の戦略的な必要の上に立った相互の了解として引用できるものをもっていると、日本の対外政策はずいぶん楽になります。

もちろん、米国とのあいだに長期的な防衛計画について意見の一致を達成するということは簡単なことではありません。そのための話し合いは、すでに述べたように世界情勢の緻密な分析の上に立つ複雑なシナリオ研究が必要でしょうし、いずれにしても、日本が軍事的合理性の上に立った応分の寄与をすることが必要です。その結果として、現在の計画達成後に現在の防衛計画を上まわる計画を実施する必要も生じるかもしれません。しかし、すでに述べたように、必要となる計画は、そのために大増税とか、抜本的な財政措置を要するほどのものではない——まったく別の理由で生じている現在の財政危機を打開するための措置はもともと別問題です——ことは明らかですし、これによって、日本の対外政策を今後長期にわたって、アメリカとの協力の安定した路線に乗せることにより、日本の政治、社会、経済を安定した基礎の上におくことができるのですから、長い眼で見れば、経済的にもよい影響が出てくるものと思います。

「米国の世界戦略にまきこまれる」などとの批判はありましょうが、米国の対日戦略というのは、サンフランシスコ講和条約以来一貫して、軍国主義復活には絶対に反対しつつ、自由社会の共通利益を守るのに協力する日本に期待するということですから、戦後日本の国是と、日本の世界戦略にぴったりと一致します。

真のシヴィリアン・コントロール

ここまで考えて、日本の安全保障に対する外交の責任の重大さをつくづく感じます。防衛問題というのは、あたりまえの話ですが、国内政策でなく、対外政策です。対外政策は相手があるという点で——日本が勝手に決めても思うようにならないということからも、先行きの見通しが立たないという点からも——政治現象の中でも最も政治的な現象を扱うものですから、高度の政治判断が必要です。「戦争は他の手段を以ってする政治の延長」と言うように、日本が国際政治を行なうにあたって、防衛と外交は密接不可分のものです。

戦時中、閣議や御前会議で、日本の政策の当否を軍と争ったのはつねに外務省でした。といって、外務省だけが、軍と争う度胸があったとか、とくに平和愛好的であったとか、そういうことではありません。職分上そういう立場にあっただけです。

戦時体制では、大蔵省は軍費を調達すること、内務省は治安を維持して国家総力戦体制を維持すること、軍需省は武器、資材を調達することが主たる職分です。これに対して外務省の任務は、国際政治の流れ、世界の戦局の推移を見極めて、損な戦争はしないように、どうせ負けると見極めがつけば、潮時を見てできるかぎり有利な講和を達成するよう努力することです。それぞれ司々(つかさつかさ)の職分を果していただけのことです。

にもかかわらず、戦前の日本では、国防政策についての外交の指導力はきわめて限られたものでした。もちろん、その主たる原因は統帥権をカサに着た軍の独走にあり、それは日露戦争の勝利直後から始まります。

明治四十年の「帝国国防方針」の目的は、もともと「政略と戦略を一致せしめる」ことにあり、現に作成の過程において、遼東半島は清国との戦争を賭しても返還する意思はなく、日本帝国の今後の発展方向は清国の領土とし、そのために英国と衝突すればロシアとの協調の方に重きをおいてもよい、などと、高度の外交的判断について議論と意思統一を重ね、結論として、ロシアとアメリカを仮想敵とする軍備計画をその基本方針としていますが、その間、内閣も外務省もまったく知らされず、まず陸軍と海軍が同意したものを確定して、これを総理大臣だけに見せてその了解をとっています。この軍の独走は、満州事変、太平洋戦争をへて、敗戦まで続きます。

日露戦争から敗戦までの四十年間をふり返ってみて、あのときにこうすればよかった、あすればよかったということは多々あります。そういうことを可能にするようなシステムをつくること、それが戦前の失敗の反省として生まれた戦後のシヴィリアン・コントロールの目的であり、動機でなければなりません。

機構、組織の面から言えば、最大の問題は、軍が統帥権をカサに独走して、視野のせまい政策を国際政治全般にまで、独断的に適用したことです。が、この問題は現在解決されています。憲法の下で、軍人は防衛庁長官にさえなれないのですから、軍の独走ということは、それこそ、クーデターでもないかぎり、ありえません。クーデターの可能性もまずありません。一億の九割までが中流意識をもっているような安定した社会でクーデターなどしても、国民は「何をやってるの?」とシラけるだけで、国民の支持を得られないことは、どんな急進的な右翼思想の持主でもわかっています。大恐慌と農村の窮乏の下にあった一九三〇年代とはまるで状況が異ることは誰が見ても明らかです。また、日本の経済の底ははるかに深くなり、社会福祉政策も進んでいて、相当な経済的ショックでも、日本の社会の基礎まで変動することはちょっと予想できません。

しかし、軍人から統帥権をとり上げただけで、防衛戦略が正しい国家戦略の下に行なわれる保障があるか、ということになると、これはまったく別の問題です。

戦後四十年間、自衛隊のシヴィリアン・コントロールは、いろいろな面はありますが、一つの大きな柱として、国民の反戦平和主義を、その思想的に依って立つところとしてきました。

自衛力の増強や、自衛隊の活動範囲の拡大に対して枠をはめてきたものは、それが、日本の大局的な対外戦略に背馳(はいち)する、という考え方より、むしろ、「そういうことでは世論が納得しない」とか、より具体的には、「それでは野党がおさまらない」「野党の反対で国会審議が止って、政府与党に迷惑をかける」という考慮が、事実問題として優先してきました。

　これは真の意味では歯止めたりえません。最近のように国民の考え方が現実的になり、防衛の必要を、しだいに、軍事的合理性に基いて考えるようになるにつれて、だんだん消えてなくなるもので、日本の防衛政策に大局的な国家戦略の見地から枠をはめるものではないからです。

　むしろ、一九三〇年代のことを考えれば、世論にしたがって政策を形成するのでなく、世論が欲求不満の解消を対外強硬政策の中に求めようとするのに対して、正しい国家戦略の上に立って、「それは日本を破滅に導く」という確固たる見識を示して、世論の要求を抑えるくらいの姿勢が必要だったと言えます。満州の軍政を、一人の力で廃止させた伊藤公のような見識です。もちろん、それは、一防衛庁長官ができることでもなく、政府全体がそういう見識をもつべきものです。

　しかし、正しい国家戦略と言っても、それが、いつも簡単に見つかるようなら苦労はありません。軍の独走は最悪のケースですが、軍を除けば自然に正しい国家戦略が生まれてくるものでもありません。ポーツマス条約締結時では、外務省の小村、山座の判断よりも、陸軍の山県、大山、児玉の判断の方が健全でしたし、三国同盟を最後に締結までもっていったのは松岡です。外務省としても反省すべき点は多々あります。まして、一般に戦略問題の知識水準が低いと、軍人を排除した結果、誰も戦略問題がわからないという状況が生まれるおそれもあります。

正しい国家戦略を見出すこと、これは今後の日本の国民的課題でありましょう。それは、つまるところ、指導者と国民が、世界の情勢を曇りのない眼で見つめ、国家目的の中に非現実的な感情や理念を導入することを極力抑制し、日本国民の長期的な安全と繁栄を確保するのが政策の最も重要な目的であることをけっして見失わず、つねに常識的で、危っかしくない判断をすることによって生まれます。

第十二章　綜合的防衛戦略

日本を攻め取るには

日本は海軍と空軍だけを増強すればよいという議論をよく聞きます。とくにこれがアメリカの対日防衛力増強要請の中にも強く反映されています。

この議論の是非については、グローバルな自由世界の戦略の観点と、日本の局地的利益の観点の両方から、また、いろいろな具体的なシナリオに基いて緻密に検討してみる必要がありますが、一つ、「なるほど」と思った議論がありました。

「日本を攻撃しようという国が、太平洋戦争の戦史を研究していないはずがない。戦史で、硫黄島や沖縄での日本軍の抵抗がいかにはげしかったか、いかに米軍の犠牲が大きかったかを知っていて、日本に上陸作戦などするわけがない。当時日本はすでに餓えつつあった。海上封鎖と戦略爆撃を続けていさえすれば、日本は遅かれ早かれ戦闘能力を失っていた。ソ連の参戦も、原爆も必要なかった」というのです。日本人は戦前の歴史というものを否定していますが、外から見れば一国の歴史は脈々とつながっているものです。その意味では、硫黄島や沖縄の勇戦も、使いようによって使える、民族の一つの財産なのでしょう。

もちろん、この議論は、いまの自衛隊が「硫黄島」のような犠牲を上陸軍に強いうるということを前提にしているのですから、防衛力整備の目標についていえば、それならばまず陸上の継戦能力が先決ではないかという議論に戻りますが、その問題はさておき、外部から見ての対日戦略を考えるのには大いに参考になる話です。

孫子を引用するまでもなく、一般論として、敵を攻めるのに直接攻撃というのは最後の手段で、兵糧攻めというのは何を措いても真先に可能性を探究すべきことです。豊臣秀吉がはじめて方面軍の将として赫々たる武功を表す中国攻めでは鳥取城兵糧攻め、高松城水攻めと、リデル・ハートのいう間接的方法ばかり使っています。

旧日本軍は、この方法に頭がいかず、あまりにも多くの人命を浪費しています。バターン半島などは、ほうっておけばせいぜい一ヵ月で一兵も損ぜずに降参させていたでしょう。アメリカの世論の動向によっては、アメリカン・ボーイズを餓死させるわけにはいかない、ということになって、真珠湾のあとのなけなしの米艦船を西太平洋に集中して、それこそ日本海海戦のような「決戦」のチャンスをつくってくれたかもしれません。

もともとアメリカの戦略は、太平洋艦隊の極東到着までもつ程度までにコレヒドールを要塞化しておくということですから、真珠湾後はコレヒドール力攻の戦略的必要は消滅しています。それを力攻したのでは、何のために真珠湾を攻撃したのかわかりません。

シンガポール攻略にしても、真珠湾とマレー沖海戦のあとは日本の制海権を脅かすものはないのですから、蘭印の石油を抑える作戦の支障になるものでもなく、水の手を切っただけで、英軍は一般住民の水飢饉（みずききん）を犠牲にして籠城せざるをえなくなり、降伏は時間の問題だったでしょう。

孤立無援でいずれは落ちるものを、ブキテマの「激戦」で取るなどというのは無駄もはなはだしいものです。シンガポール攻撃の軍歌に唱われた、「一番乗りをするんだと笑って死んだ戦友」も哀れなら、華僑の義勇兵の若者も哀れです。戦略の基本は兵隊の生命を大事に扱うことにあります。勘定高くいえば、国民の血税でつくった軍隊をなるべく減らさないようにしながら戦争に勝つのが、戦略の極意です。ましていまの自衛隊のように徴兵制度もなく、数も限られている場合はなおさらです。「作戦指導の本旨は、攻勢を以て速やかに敵軍の戦力を撃滅するにあり」という統帥綱領がこれほど墨守されるなら、つくらなかった方がまだしも無害でした。

それよりも、もっと重大な失敗は、バターンでは力攻のあと、半ば餓えているアメリカ兵をマニラまで歩かせて「バターン死の行進」をさせたことです。戦前のアメリカの孤立主義というのは根深いもので、真珠湾のあとでも、まだまだ「戦争をすぐやめてしまえ」という意見が議会でさえ強かったのが、「バターン死の行進」ですっかりあとを絶ったそうです。シンガポールでも、華僑の義勇兵が善く戦ったために、占領後の華僑虐殺事件につながり、四十年後のいまでも遺る華僑の怨恨の原因をつくっています。

兵糧攻めにすれば、餓えや渇きの犠牲者を出す責任は、攻撃側でなく、降参しないで頑張った司令官の方にあります。また、籠城側の内部では水や食糧の配分の問題が起り、とくに、フィリピンやシンガポールのような植民地では、白人と原地人との差別は不可避ですから、内部で不和も起りましょうし、降参に導くことも容易でしょうし、またその後の植民地の占領行政、戦争の進め方もはるかに楽になったはずです。米国の国内世論対策にとって、数万人のアメリカン・ボーイズの生命というのは大変な政治的財産(ポリティカル・アセット)です。日本側はこれを戦争遂行に有利なように、いかようにでも使える自由をもっていたのに、戦略的に最悪の使い方をしたわけです。

戦時中の日本が失敗した話はもともと大戦略が悪いのですから、いずれは敗けた話ですし、旧軍の批判をするのは本論の目的ではありません。ここで問題なのは、今後のこととして、日本の防衛を考えるにあたって、自分もこう考えるから敵もこう考えるだろう、という発想で、短兵急に攻めてくることだけを予想して、防衛戦略を考える傾向があるとすれば、それが心配です。もし秀吉のような戦略家――晩年の朝鮮出兵のときのでなく、毛利攻めのころのような緻密な作戦能力のある秀吉――が「日本攻め」を命令されたらば、どういう作戦をとるだろうかということです。

すでに述べたように極東の有事シナリオでは、ソ連艦隊の太平洋への出口、とくに北海道をはさむ二海峡付近のコントロールをめぐる戦闘が、グローバルな戦略の観点から、一つの焦点になると予想されますが、ここでは、海峡防衛の戦術は専門家にまかせるとして、大きい戦略としての「日本攻め」のシナリオを考えることにします。

まず考えられるのは、日本とアメリカの同盟関係を断ち切る外交工作です。「上兵は謀を伐つ。其の次は交わりを伐つ。其の次は兵を伐つ」という孫子の言葉どおりです。日本の防衛戦略を内部から崩壊させて、その結果、アメリカとの同盟を断ち切ってしまえば、いま程度の軍備の日本はいかようにでも扱えます。日本国内の中立主義志向、平和主義志向(パシフィズム)を利用することは当然考えましょう。過去において日本国内の反戦平和運動というものの問題は、たとえそれが本当の平和願望から発しているものとしても、結果として、日本の防衛努力を弱めるか、日米間の防衛協力関係を弱めるか、いずれにしても、必ず日本の安全にとってマイナス、国際共産主義運動にとってプラスの方向に働いてきたという事実です。また、現に、国際共産主義運動が活撥なころは、その前線組織が採択した活動方針とほとんど同じものが、日本の左翼運動のスローガンにあらわれた事例は数多くありました。

しかし、この問題は、安保論争を通じて、一応決着を見ています。将来にもまだいろいろゆさぶりのチャンスは残されてはいますが、現在とりあえず政治工作で日本を同盟から切り離す「戦わずして勝つ」という可能性はまずなくなっていると考えると、あとは、「日本攻め」の戦略はどうなるでしょうか。

短兵急に日本の自衛隊の戦闘力を撃砕して、東京まで攻め落とすという作戦も、いまの自衛隊の限られた能力、とくに抗堪性の弱さに着目すれば可能性はあります。

しかし、これは、他面真珠湾攻撃と同じような戦略上の大失敗となる危険をはらんでいます。短期間に日本全土を制圧できればよいのですが、自衛隊が局地防衛で頑強さを発揮して——この可能性もあります——どこか入り口でてまどったりすると、日本国民全部が防衛意識に目覚めて、工業能力を総動員して立ち向ってくる可能性があります。しかも、いったんそうなると、真珠湾攻撃後、孤立主義から百八十度転換したアメリカのように、最も強大な敵となってしまうという、民主主義特有のこわさを日本が発揮する可能性が充分あります。

日本の国民の防衛意識や潜在能力というものは眠っているのですから、攻める側としては「寝た子を起さない」まま、攻めるのが上策です。攻める側にとってそれよりもっとこわいのは、日本国民が、かつてのフィンランドのような英雄的な抵抗を示すと、アメリカの世論が「日本を見捨てるな」ということで、グローバルな戦略の合理性が許す以上の兵力を日本正面に投入させることになる可能性さえあることです。フィンランドの場合は、フィンランドがあまり善く戦うので、英仏米の同情が翕然として集り、当面の敵ドイツと何の関係もないフィンランド戦線に、数万の英仏軍派兵の決定まで行なわれています。

　優れた戦闘能力は正しい戦略の下でこそ意味があります。兵の勇戦に変りはなくとも、千早城は天下の大勢を動かし、硫黄島は原爆とソ連の参戦をうながした、というちがいは、すべて、戦略のよいか悪いかできまります。今後の日本の戦略は、つねに日本と米国の世論を睨みながら考える要がありましょう。世論といっても、世論調査表を前に鉛筆をなめて書いた意見ではなく、国家・民族の存亡の関頭に立ったとき、国民がどういう反応を示すかの読みです。

三つのコンビネーション

　さて、それでは、直接の防衛能力以外の面で日本の弱点は何かと言えば、これは誰でも知っているように、食糧や資源の海外依存度が高いということ、高度の過密社会であること、国民のあいだにまだ強い反戦平和志向が残っていること、などです。

これだけの材料がそろえば、結構現実性のある「日本攻め」の戦略がつくれます。まず、通商路妨害や、港湾への機雷投下等で、食糧、石油、原材料の輸入を止めて、日本国民や企業に、先行きどうなるかわからない、という不安感を与え、それに加えて、配電や配水の機能、交通機関を戦略爆撃で破壊して、経済的な活動を麻痺させ、そこで休戦交渉に入って、いろいろな和平の提案を出したりひっこめたりするのがいちばんよい方法でしょう。いろいろな戦略も考えられますが、結局、この三つのコンビネーションでしょう。

この戦略に対抗するには、まず、防衛安保論争の基本に溯って、中立は可能だ、あるいは、降伏してもどうにかなる、という幻想をふっ切ることが大事です。超大国間の戦争が起った場合、日本のように戦略的に重要な国には中立はありえないことはすでに述べたとおりです。また中立したとたんに、アメリカのコミットメントはなくなって、あとは共産国からどんな脅迫的な要求が次から次にきても、これにノーと言うすべもなくなります。

また降伏の条件がアテにならないことも、歴史の示すとおりです。スターリンは、ホプキンスに対して、「無条件降伏などというから戦争がながびく、敵が降伏するというのなら、あらゆる種類の留保条件を認めてやればよい。占領したあとで、条件付きの降伏をゆっくりと、条件なしのものに変えていけばそれでいいだけのことではないか」と言った由です。日露戦争の前に、伊藤博文は、ロシアは満州、日本は韓国ということに相互の勢力範囲を決めて妥協しようとしますが、そのときのウィッテの考えは、日本との約束などはどのみち一時的なものだからどうでもよい、むしろ日本に朝鮮をやって、日本が朝鮮経営で財政的に疲弊して、やがてシベリア鉄道が完成してロシアが朝鮮を取りたいときまでに、日本が弱体化している方が好都合だ、と考えたとあります。これでは満韓交換論などはじめから意味はありません。ロシアとの平和は一時的なものにすぎない、と喝破した小村寿太郎の判断の方が正確です。

食糧がなくなったから、これはとても駄目だと降参するということが、どんなに悲惨なことになるか、これは考えてみればわかることです。降参したとたんに食糧が自由に入ってくる――こういうことはまずありえません。獅子も餓えれば、餌で調教できると言います。征服した国民が餓えている――これほど占領行政を楽にさせるものはありません。とくに共産国が日本を占領する場合、これはきわめて有利な条件になります。

共産国の征服の目的は、何よりもその国を共産化することです。これは、旧体制で抑圧され不満をもつ多数のプロレタリアートの支持の上に立ち、それを代表する共産党の独裁を達成することによって行なわれます。ところが、日本のように、自分を中流階層以上と思う人が九〇%もいる社会では、とても無理です。中国の地主階級のように粛清すると言っても、ベトナムのようにボートに乗せて追い出すと言っても、旧体制の方が暮しがよかったと考えている人の数が多すぎてどうにもなりません。

唯一の方法は日本国民を半飢餓状態のままにおくことでしょう。そうすれば人心はおのずから荒廃して、同じ中流意識をもった人々のあいだでも、少しでもゆとりのある人間を恨むようになり、革命勢力の基盤を拡げることができます。

これを意図的にそうしようとしなくても、成り行きにまかせるだけで自然にそうなります。米ソの戦争がまだ続いているときに、日本だけが降伏して、アメリカ、カナダ、豪州から穀物が輸入できるということはありえません。また共産圏には食糧の余裕というものはありません。長いあいだ、親ソ路線を歩んだエジプトの経験では、食糧援助だけは要請してもムダだということです。むしろ、なけなしの備蓄をもっていかれるか、少なくとも、それで占領軍を養わなければならないでしょう。しかもこの状態は、現在数多くの共産国がそうであるように半永久的に続くおそれさえあります。日本が現在高度の消費水準を維持しているのは、アメリカやヨーロッパが日本の自動車などを買ってくれているからで、これが売れなくなれば、食糧を買うお金がなくなるからです。慢性的な食糧不足に悩むことはまずまちがいないところです。

一時降伏しても、どうせ最後はアメリカが勝つだろうから、という考え方も成立しそうもありません。アメリカが最終的な勝利をおさめそうになるということは、ソ連が全面核戦争に訴える危険を増大させます。そうなると、アメリカとしても、せっかく優勢なのに共倒れになるのではつまらないわけですから、優勢を維持したかたちで、休戦する可能性が大きくなります。つまり、休戦ラインがそのまま新しい勢力境界線になるわけです。これが第九章で書いた暫定協定（モーダス・ヴィヴェンディ）で終る戦争の特質です。

どう考えても、中立も、降伏も、日本国民にとって「どうにか我慢できる」という程度の選択にもなりそうもありません。

とすれば、海上封鎖と戦略爆撃を乗り越えて、生きのびていく方法を考えなければなりません。

こういうことは、まさに、現在防衛庁が心血を注いで計画しているところでしょう。まず、侵入者に硫黄島や沖縄のような犠牲を予想させるくらいの善戦をする能力をもち、そして、戦略爆撃に対しては防空能力を、海上封鎖に対してはシーレイン防衛能力をもたねばなりません。

また、このような能力は、すべて、米国と協力しての上の能力ですから、日米共同の作戦研究が必要です。したがって、この種の防衛計画は、日米間の緊密な協議の上に立つ政府当局の努力にまかせてよいと思います。

もちろん、戦前とちがって軍の専権というものはありませんから、国民はどこで口を出してもかまいません。傍目八目ということもあります。ただ餅は餅屋で、専門家はそのために月給をもらっているのですから、国民はだいたいのところは見ていて、あとはまかせておけばよいわけです。防衛といっても、いまの世の中、他の行政と国民との関係と何の異るところもありません。つまり、戦前のように防衛に口を出すと、「この素人が！」と怒られる心配も、また自衛隊にまかせるとどこまでいくかわからないという心配も、両方とも無用です。またそのためには、国民も最低の軍事、防衛の常識程度の知識はもつ要がありましょう。

日本的な備蓄の観念

しかし「日本攻め」の戦略に対抗するため、とくに籠城戦ということになると、防衛庁だけでは解決できない問題が多々あります。古来、籠城戦に備えるには、何といっても、まずは備蓄で、第二には補給路の確保で、三つ目が自給体制です。

その中で自給体制がいちばん困難です。農業というものは、平時の環境の中で精一杯やっても豊凶がある産業です。戦時中に耕耘、種まきから始まって収穫に至るまでの経済活動を全部順調に保護するというのは至難のわざです。昔の戦争でいえば、やっと収穫期になっても稲を焼かれればおしまいですし、また、収穫したところを攻撃されれば一年間の努力が水の泡となります。

この前の戦争のときのように、無理に数字だけつじつまを合わせた増産計画をつくるよりも、肥料の生産、輸送も時々は止るかもしれない、ガソリンの供給も足りないかもしれない、というようなマイナス要因も計算に入れたうえで、現実的な食糧供給の予想を立てる要がありましょう。

補給路の確保ももちろん重要です。古代の中国の城は甬道を築いて食糧供給源との連絡をはかっていますし、アテネは食糧輸入港であるピレウス港とのあいだに壁を築いています。また、敵の包囲の間隙をぬって食糧をはこびこむという作戦も古来数多くあります。現代では海上補給路の確保ということになります。これも純軍事的な問題ですから、日米の協議の上に立った防衛計画にまかせるのがよいでしょう。とくに、アメリカは二度の大戦で英国への物資輸送の大作戦を成功させて、物資の輸送はアメリカがいちばん経験を積んでいる分野ですから、アメリカとの協力で学ぶところは多々あると思われます。

一般論として、籠城戦のカギは何にもまして備蓄です。小田原城は、最後には秀吉の率いる天下の大軍に囲まれて先の見通しがまったくなくなって落城しますが、それまで上杉謙信などに何度包囲されてもビクともしなかったのは兵糧、弾薬の備蓄があったからです。戦って勝ったことがなかった劉邦が、ついに項羽に勝つのは、食糧庫広武山の上に頑張ったからです。

ここでまた私が心配なのは、日本人の戦略思想の欠点として、備蓄の観念が特別に少ないのではないのかということです。

民族によって備蓄の観念がずいぶんちがうようです。イランでは、ホメイニの革命で社会的混乱があっても、アメリカの経済封鎖があっても、イラン・イラク戦争があっても、社会が平静なのはイランの各家庭が、必要物資三ヵ月分以上の備蓄をもっていたからだそうです。昔日本が満州を統治したころ、絶糧農村が出たといって救援に行くと、中国人の部落の場合は、それでもまだ二、三ヵ月の備蓄はもっていたという話を聞いたこともあります。日本も昔は各藩が豊年に備蓄して、凶年に放出する義倉をもっていたそうですが、近代化で飢饉から解放されてから、そういう習慣はなくなっています。

日本の安全保障という観点から見て、もし、各家庭、各企業が、食糧、燃料、原材料の供給がストップしても三ヵ月ぐらいは普通に暮し、操業していける備蓄をもてば、それだけで日本の防衛は、シーレイン防衛用艦船何十隻、航空機何百機にあたる戦力になりましょう。

戦略爆撃がこわいといっても、交通が遮断されようと、電気が止ろうと、各家庭に十分な食糧と燃料の備蓄があれば何とかなります。

日本における備蓄をどうやって増やしたらよいのか、これは容易なことではないでしょう。日本より貧しいイランや中国の家庭でできることですから、日本の家庭も気持一つでできるはずだ、といってもなかなかそうもいかないかもしれません。何のかの言っても、日本人ほど自分の国や政府を信頼している国民もありません。イラン人や中国人の思考の根底には、政府は頼りにならず結局最後は自分で自分を守るしかないという認識があります。また、本当に悲惨な籠城の経験もありません。中国の歴史は「子を換えて食う（自分の子供を食べるに忍びないので他人と子供を交換して食う）」というような悲惨な籠城をしばしば経験しています。

そういう国民に備蓄をしろと言っても、苦労を知らない若旦那に死ぬ気で働け、というようなものです。だいたい、その気になっても団地暮しでは各家庭に備蓄のスペースがありません。また日本の家屋は洋風が多くなりましたが、外国の家との最も大きなちがいは、地下室と屋根裏部屋がないことです。土地がないといいながら、こういう空間のムダ遣いをしているのは、住むスペース以外に関心がないのでしょう。

といって、日本人はさきのことを考えない無計画な国民だということではありません。貯蓄率の高さは世界最高です。それをいままでは、国家が全部、産業の近代化に投資して、現在の最先進国家をつくり上げたわけです。逆に言えば、外国の貯蓄率は低いといいますが、各家庭が、貴金属や宝石に使うお金、備蓄用の倉庫や屋根裏部屋に投資する費用などを考えれば、あるいは、総額はそうちがわないのかもしれません。誕生日に子供に金貨を与えるフランスの家庭と、派手なパーティーをする日本の家庭とでは、フランスの方が堅実でしょう。人間誰でも、少し将来のことを考えればチャランポランで暮せるはずはないのであって、唯一のちがいは、政府とか国家とか社会全体に対する信頼感の問題かもしれません。日本人はいざというときの備蓄も、宝石も、貴金属もなく、地下室にはじゃがいもの買いおきもないという、フランス人やイラン人やドイツ人から見れば身の毛もよだつような危い状況にいて、国家、社会だけを信頼しているわけです。

また備蓄は皆がしてこそ意味があります。自分だけ生きのびようと思っても、泥棒や群衆の襲撃が心配になります。それなら、いっそ、一蓮托生（いちれんたくしょう）でいこうという日本人の社会観もそれなりの意味はあります。それならば、国民の安全を守る国家、社会の責任は重大になります。いつまでも、余剰は全部、産業と国土開発に使って、国民経済は、有事に際してはきわめて脆弱なままにしておいてよいかという問題は当然起りましょう。

現段階では思いつきでしかありませんが、備蓄用の倉庫、地下室をつくろうという企業や個人には政府が長期低利の融資をすることも考えられましょう。さらに一歩進んで、地方自治体が、地域住民のために公有地とか小学校の運動場の地下に貯蔵庫をつくることも考えられます。こうなると、封建時代の義倉のシステムと同じになってきます。

　こういう政策は、もし実現可能としても、各国内官庁の衆知を集めなければなりません。それぞれの物資については農林、通産など所管の官庁がありますし、低成長時代に大きな公共投資をするわけですから、公共事業費の配分の問題もありましょうし、また、緩衝在庫、不況対策ストック等としての経済的影響も少なくないでしょうから、全経済官庁が関係してきます。

　といって、本来の目的が国の安全保障にあるのですから、日本の役所のシステムでは経済官庁がイニシアティヴをとる立場にもなく、また、防衛庁、外務省が他省庁を大きくまきこむ計画を提案する立場にもありません。したがって、この種の政策を企画、立案するにあたっては、綜合的な政策決定機関が必要です。そして一度政策が決定されれば、日本の役人は各省協議のうえ、緻密な政策をつくり上げることはまちがいありません。

綜合的な防衛戦略

　いわゆる「民間防衛」も同じことです。日本の防衛は自衛のためにのみ許されるのですから、いったん戦争になれば、国土の一部または全部が戦場になることは避けられません。その場合民間人に及ぶ被害を小さくするために、防護施設をつくって、そこに民間人を避難、誘導したり、水や食糧を供給したり、負傷者に応急手当てをしたりするのが「民間防衛」ですが、これは従来、防衛庁は自分の所管でないと言い、国防会議もそうでないと言って、宙に浮いたままになっています。さらに、運輸、建設、厚生などをまきこむ有事立法についてもほとんど手がつけられていません。

別に、これは各官庁の怠慢であるとか、セクショナリズムの罪とかいうことではありません。各官庁はそれぞれ司々(つかさつかさ)の事務を遂行し、かつ、出すぎないように節度を心得ているだけです。

そして、日本社会全体の中に、これを動かそうというダイナミズムがどこにもありません。このダイナミズムを創り出すのは容易なことではありません。

その理由として、まず、防衛とか安全保障とかいうものは、できるかぎり避けて通ろうという戦後日本社会の惰性があり、戦争という現実を直視するのを避けようという戦後社会一般の風習があります。

しかし、そのもっと奥には日本の深い歴史的伝統がありましょう。近代以前のたった二度の外敵侵入はいずれも台風でカタがついてしまった、たった一度の敗戦はアメリカの占領だった、ということで、異民族に征服されて、家畜のように殺戮され凌辱されたりした歴史もなければ、人間の肉まで食べなければならないような封鎖戦の悲惨も知らないのですから、国民としては、地獄絵の可能性を実感として感じることができません。また、有史以来、対外戦争と言えば、戦闘能力を重視する速戦即決主義で、大きな戦略で戦争を考える習慣がないので、相手も同じようなことだとしか考えず、いわゆる「後方補給」の面で弱みをつくってしまう傾向があります。

また、戦前、戦中の軍国主義時代に、戦争の準備、遂行が軍の専権になってしまって、シヴィリアンは戦略についてまったく無知になっていたということもあります。

さらに、戦後は、近代において一度も体験したことのない「専守防衛」という戦略体制になって、いままでとはまったく異った発想の下に防衛体制を築き上げることが必要になっているのにかかわらず、「専守防衛」は攻撃的な装備や能力をもたないことだ、というような否定的制限的な面の討議ばかりに莫大な時間を費消して、専守防衛の下でいかに国民の安全を守るかという現実的具体的な戦略を、ほとんど誰も構築していなかったという事実もあります。

もともと、日本の戦略論の二大源泉であるプロイセン兵学にも、アングロ・サクソン戦略にも、陣地防衛戦という概念は、局地的な戦術以外にはありません。東西南北に敵のあるプロイセンでは、陣地防衛などをしていては枯れ死にしてしまうので、機動力を重視して、まず一方をたたいて、返す刀で反対側を撃つという戦略しかありません。アングロ・サクソンは海外ばかりで戦争をしているので、もとより陣地防衛などは考えていません。近代における唯一の経験は、英本土防衛作戦で、この経験から、すぐ、シーレイン防衛の発想が出てくるわけです。

したがって、専守防衛の効率を上げるための不可欠の措置として、陣地防衛とか築城とかいう話になりますと、アメリカとの共同研究だけでは心もとない点があります。私自身北海道をヘリで視察させていただいて、この部分にほんのちょっと要塞をつくっておけば、いざというときに、自衛隊員数百名の生命を温存できるとか、あるいは三日で陥るところが二週間はもつ、とかいう場所が多々ありました。

もともとアングロ・サクソンの戦略というものは、大陸が敵対勢力に席捲されてから国民が防衛意識に目覚めて、そこではじめて臨戦態勢に入るという余裕のある環境の産物です。日本も西の方は朝鮮半島というバッファー・ゾーンがあるので、伝統的には似たような環境にありました。しかし戦略環境が変って、ロシアの大洋への出口が東シナ海より、北太平洋中心の方に移ってくると、北海道をバッファーにするということは、北海道の道民のためにも、戦略的にも不可能ですから、陣地防衛の発想が必要となります。この点ではフランスやスウェーデンなどの戦略を参考にして、日本自身が自らの防衛戦略を考え出さねばなりませんし、そのためにもまた、国有地、国有林の利用、用地の買収など、綜合的な防衛戦略に関する問題も出てきます。

いままで述べたような数多くの背景が重なり合って、日本の綜合的な戦略論というものは、残念ながら、まだまだ未発達な段階です。自衛隊が、戦後三十年間逆境の中にあって、営々として、有事の際の戦闘能力を維持し、錬磨してきたことは頼もしいのですが、これを日本全体の安全のために有効的に使うという、政府全体の綜合的な体制はまだまだ立ち遅れているのが実情です。

将来日本が民族の生存の危機に直面したときに、再び、綜合的な戦略なしに、貴重な戦闘員の生命を浪費し、ひいては国民全体の安全を危くすることがないようにしたい、それが今後の日本の安全保障政策を考えるにあたっての指針であるべきです。

おわりに

ここまで長々と書いて参りましたが、まだ、戦略問題の入り口にやっと到着したという感があります。私個人の能力ももとより限られたものでありますし、日本の安全保障についての国家戦略の問題はまだまだ未知の分野ですので、本書でもって論じ尽されたとは、とうてい言いうべくもありません。

しかし、戦略問題と真剣に取り組むことは、日本のために何としてでも必要です。

その理由はまず身近な問題として、一九七〇年半ばまでは、アメリカの力が圧倒的に強かったので、安保条約堅持という「戦略的」選択一つだけで日本の安全が守れたのが、ソ連軍事力の急速な増強のために、いまや日本も、戦略問題に目をつぶっていられなくなったからです。

歴史的に考えても、情報と戦略は日本の対外政策のいちばん弱い部分です。それでも、歴史の上で種々の幸運にめぐまれて大過なきを得てきましたが、日露戦争後の世界政局の中で馬脚を露して、ついには、国民に無益な戦争と敗戦の惨苦を嘗めさせました。技術の発達で世界はますますせまくなっていくばかりですから、日露戦争後四十年間の教訓はしっかりと学びとらねばなりません。

また、東南アジアの諸国に対して、日本はその防衛力をどういう具体的な戦略で使う気なのか説明し、安心させるためにも必要です。

そして、戦略は、政府の防衛努力を国民に納得してもらうためにも必要です。単に人為的な歯止めを提示するだけでは、もはや、「それで日本の安全は大丈夫なんですか?」、あるいは、「歯止めは当面の目標というだけのことで、際限なく軍備が増えるのではないですか?」という疑問に答えることはできません。

客観的に誰でもが納得する情勢判断と、それに基いた現実的な戦略にとって必要最小限の防衛計画だということを説明できなければ国民は納得しません。そして、このことは、日本のデモクラシーの社会を維持し、確立していくために不可欠のことです。日本のデモクラシーの将来に対する不信が主たる理由である人為的な歯止め論を続けていくかぎり、日本のデモクラシーはいつまでたっても、ほんものになりえないでしょう。

あとがき

戦略論を勉強しているうちに、ハタと気がついたことがある。

私の知るかぎりで、先進国の大学で、戦略や軍事と題した講義を聞けない国は日本だけだということである。そして欧米の国際政治学者はキッシンジャーをはじめとして、それぞれ一流の核戦略論をモノしている点も日本と異るところである。

しかも、これは戦後日本の反戦平和主義に由来するものでなく、戦前の統帥権の独立によるもののようである。先日亡くなられた矢次一夫氏は、氏の最後の著作である『政変昭和秘史』の中で、「官吏養成機関である帝国大学が巨大な政治現象としての戦争というものの研究を陸海軍大学に委ねたまま教えていなかった……」と書いておられるが、これは戦時中、氏が労働運動から総力戦研究に参加されたときの経験に基くものの由である。

本来は戦争に負けて軍の専権が終ったときに、各大学が戦略論の講義を始めるべきだったのであろう。が、しかし、当時の滔々(とうとう)たるマルクス的平和論の中ではとうていそんなことをする雰囲気でもなかったし、また、教える先生もいなかったのであろう。教える人自身戦前の政治学で戦略論の研究に本格的に取り組んだことはほとんどなかったと思われるからである。

ということで、戦前、戦後、世代の相違も問わず、日本では、政治家も、学者も、評論家も、役人も、誰ひとりまともに戦略論を習ったことがないという変則的なインテリ社会が出現した。私自身も戦略論を学ぼうと思い立って、戦前陸海軍大学で戦略論に専念された方々の教えを乞おうとしても、戦後すでに四十年近くをへて、多くは物故され、残る方々も暁天の星の如きものがあり、やむをえず独りで手当りしだい戦略論と名のつくものを読んでみたが、独学にはすべての独学と同じく長所もあれば欠点もある。その欠点は拙著の中でも、私には気がつかないまま、処々に露呈されているのではないかと思う。

しかし、最近は日本における戦略論欠如の問題点は学界でも認識されはじめ、若い優秀な方々が研究を始めておられるので、この問題の解決は今後の学界の努力に大いに期待しうると思う。

ただ、先まわりして恐縮であるが、戦略論にも限界はある。戦略論を一通り読んだからといって戦略がわかるわけではない。昔から「生兵法はけがの基」とも言う。とくに日本の場合は、戦略論が未発達なために、理論と実際とが、種々の研究者により何度も、照合され、検証され、議論されているわけではないのでその危険が高い。その意味でも、まず日本の歴史と地理を戦略論の観点から何度も見直す作業の重要性が出てくる。

また、古来の戦略論というものは、どうしても軍事戦略に偏りがちで、リデル・ハートのいう「大戦略」、つまり国家戦略の参考となるものは多くない。まだ御存命の方についての伝聞なので失礼に当るおそれはあるが、敗戦直後に、大井篤氏が神川彦松氏に、日本の大学における戦略論研究の欠如について問われたのに対して、神川氏は、「大戦略は外交史を学べばそれで足りる」と答えられた由である。私が拙著の中で国家戦略を論じながら、外交史に多大の頁を割いたのも当然の成り行きだったと言えよう。

私は戦略論というものは、すべての古典と同じく教養の一部と考えればよいと思う。たとえば、日米の通商交渉は、牛肉とオレンジなどについての統計数字と業界の内情に精通していれば充分やっていける。しかし、たとえばアメリカ側が、アダム・スミスとケインズについて大学で聞きかじったことがあり、日本側がこれをまったく知らないとすれば、その教養の差から、マクロ的な広い経済の見方や交渉における説得力にもおのずから差が出てこよう。

これに加えて、日本人の軍事意識も戦後は極端に低くなっている。戦前は中学生といえども「陸奥」「長門」が三万三千トンで十六インチ砲をもっていることと、それが及ぼす軍事的政治的意義を正確に把握していたが、いまはバックファイヤーのSS‐20のと言っても、何のことかわからない。

戦略論の教養と軍事的常識というものは、今後、単に、国民の納得する防衛体制をつくり上げるために必要なだけでなく、その大前提たるべき国家戦略をつくるためにも、また、国際政治のあらゆる場面において日本の発言に説得力をつけるためにも必要である。

要は、国際関係というものは、異る国家のあいだの異る国益をいかに調整するかということであり、主権国家というものが存在するかぎり、これを調整するものは国家間の力の関係であり、そして、国家が有する政治、経済、文化のすべてを含む種々の力の中で、古来何人も否定しえない最も基本的なものは、畢竟軍事力であって、この軍事力のバランスについての正確な認識のない国際関係論は、どこか心棒が一本抜けたものにならざるをえないという、常識的かつ、疑う余地のない認識をもつことである。

なお、本書は昭和五十七年四月号から一年間にわたって「文藝春秋」に連載したものを、加筆訂正して中公新書のためにまとめたものである。その間、数々の先輩、同僚、国民の皆様から寄せられた数え切れない御支持とはげましの御言葉に深い感謝の念を表明し申し上げる。

昭和五十八年五月

岡崎久彦

本文中には、「シナ」「支那」「土民」「（戦略的）白痴」など今日の観点や人権意識に照らして不適切な表現が使用されていますが、歴史的文献からの引用の一部であること、著者に差別を助長する意図がないこと並びに著者がすでに他界していることに鑑み、発表時のまま刊行いたしました。

読者におかれましては、作品が執筆された時代の社会的状況や各表現の歴史的背景をご理解いただきますようお願いする次第です。

中公新書編集部

岡崎久彦（おかざき・ひさひこ）

1930年（昭和５年），大連に生まれる．1952年，外交官試験合格と同時に東京大学法学部中退，外務省入省．1955年，ケンブリッジ大学経済学部卒業．1982年より外務省調査企画部長，つづいて初代の情報調査局長．サウジアラビア大使，タイ大使を経て，岡崎研究所所長．2014年10月，逝去．
著書『隣の国で考えたこと』（中央公論社，日本エッセイスト・クラブ賞）
『国家と情報』（文藝春秋，サントリー学芸賞）
『陸奥宗光とその時代』（PHP 研究所）
『小村寿太郎とその時代』（PHP 研究所）
『幣原喜重郎とその時代』（PHP 研究所）
『重光・東郷とその時代』（PHP 研究所）
『吉田茂とその時代』（PHP 研究所）
『二十一世紀をいかに生き抜くか』（PHP 研究所）
など多数

戦略的思考とは何か
中公新書 *700*

1983年８月25日初版
2018年６月５日36版
2019年８月25日改版発行

著　者　岡崎久彦
発行者　松田陽三

本文印刷　三晃印刷
カバー印刷　大熊整美堂
製　　本　小泉製本

発行所　中央公論新社
〒100-8152
東京都千代田区大手町 1-7-1
電話　販売 03-5299-1730
　　　編集 03-5299-1830
URL http://www.chuko.co.jp/

Published by CHUOKORON-SHINSHA, INC.
Printed in Japan　ISBN978-4-12-180700-7 C1231

中公新書刊行のことば

いまからちょうど五世紀まえ、グーテンベルクが近代印刷術を発明したとき、書物の大量生産は潜在的可能性を獲得し、いまからちょうど一世紀まえ、世界のおもな文明国で義務教育制度が採用されたとき、書物の大量需要の潜在性が形成された。この二つの潜在性がはげしく現実化したのが現代である。

いまや、書物によって視野を拡大し、変りゆく世界に豊かに対応しようとする強い要求を私たちは抑えることができない。この要求にこたえる義務を、今日の書物は背負っている。だが、その義務は、たんに専門的知識の通俗化をはかることによって果たされるものでもなく、通俗的好奇心にうったえて、いたずらに発行部数の巨大さを誇ることによって果たされるものでもない。現代を真摯に生きようとする読者に、真に知るに価いする知識だけを選びだして提供すること、これが中公新書の最大の目標である。

私たちは、知識として錯覚しているものによってしばしば動かされ、裏切られる。私たちは、作為によってあたえられた知識のうえに生きることがあまりに多く、ゆるぎない事実を通して思索することがあまりにすくない。中公新書が、その一貫した特色として自らに課すものは、この事実のみの持つ無条件の説得力を発揮させることである。現代にあらたな意味を投げかけるべく待機している過去の歴史的事実もまた、中公新書によって数多く発掘されるであろう。

中公新書は、現代を自らの眼で見つめようとする、逞しい知的な読者の活力となることを欲している。

一九六二年一一月

中公新書

日本史

d1

日本史

d4

現代史

中公新書

現代史

f2

- 2186 田中角栄　早野　透
- 1976 大平正芳　福永文夫
- 2351 中曽根康弘　服部龍二
- 2512 高坂正堯—戦後日本と現実主義　服部龍二
- 1574 海の友情　阿川尚之
- 1875 「国語」の近代史　安田敏朗
- 2075 歌う国民　渡辺　裕
- 2332 「歴史認識」とは何か　大沼保昭　江川紹子
- 1804 戦後和解　小菅信子
- 2406 毛沢東の対日戦犯裁判　大澤武司
- 1900 「慰安婦」問題とは何だったのか　大沼保昭
- 2359 竹島—もうひとつの日韓関係史　池内　敏
- 1820 丸山眞男の時代　竹内　洋
- 2237 四大公害病　政野淳子
- 1821 安田講堂 1968-1969　島　泰三

- 2110 日中国交正常化　服部龍二
- 2385 革新自治体　岡田一郎
- 2137 国家と歴史　波多野澄雄
- 2150 近現代日本史と歴史学　成田龍一
- 2196 大原孫三郎—善意と戦略の経営者　兼田麗子
- 2317 歴史と私　伊藤　隆
- 2301 核と日本人　山本昭宏
- 2342 沖縄現代史　櫻澤　誠
- 2543 日米地位協定　山本章子

現代史

中公新書

政治・法律

h1

中公新書

政治・法律

h2

- 108 国際政治（改版） 高坂正堯
- 1686 国際政治とは何か 中西寛
- 2190 国際秩序 細谷雄一
- 1899 国連の政治力学 北岡伸一
- 2410 ポピュリズムとは何か 水島治郎
- 2207 平和主義とは何か 松元雅和
- 2195 入門 人間の安全保障 長有紀枝
- 2394 難民問題 墓田桂
- 2133 文化と外交 渡辺靖
- 113 日本の外交 入江昭
- 1000 新・日本の外交 入江昭
- 2402 現代日本外交史 宮城大蔵
- 2366 入門 国境学 岩下明裕
- 1825 北方領土問題 岩下明裕
- 2405 欧州複合危機 遠藤乾
- 2172 中国は東アジアをどう変えるか 白石隆 ハウ・カロライン
- 2215 戦略論の名著 野中郁次郎編著
- 721 地政学入門（改版） 曽村保信
- 2450 現代日本の地政学 日本再建イニシアティブ
- 2532 シンクタンクとは何か 船橋洋一
- 1272 アメリカ海兵隊 野中郁次郎
- 700 戦略的思考とは何か（改版） 岡崎久彦

中公新書

知的戦略・情報

n1

石川明人（いしかわ・あきと）

1974（昭和49）年東京都生まれ．北海道大学卒業，同大学院文学研究科博士後期課程単位取得退学．博士（文学）．北海道大学助手，助教を経て，現在，桃山学院大学准教授．専攻，宗教学・戦争論．

著書『戦場の宗教，軍人の信仰』（八千代出版）
『戦争は人間的な営みである』（並木書房）
『ティリッヒの宗教芸術論』（北海道大学出版会）
『人はなぜ平和を祈りながら戦うのか？』（並木書房，共著）
Religion in the Military Worldwide（Cambridge University Press，共著）
『アジアの宗教とソーシャル・キャピタル』（明石書店，共著）
『面白いほどよくわかるキリスト教』（日本文芸社，共著）など

キリスト教と戦争
中公新書 *2360*

2016年1月25日初版
2016年3月20日再版

著　者　石川明人
発行者　大橋善光

本文印刷　三晃印刷
カバー印刷　大熊整美堂
製　　本　小泉製本

発行所　中央公論新社
〒100-8152
東京都千代田区大手町1-7-1
電話　販売 03-5299-1730
　　　編集 03-5299-1830
URL http://www.chuko.co.jp/

Published by CHUOKORON-SHINSHA, INC.
Printed in Japan　ISBN978-4-12-102360-5 C1216

中公新書刊行のことば

いまからちょうど五世紀まえ、グーテンベルクが近代印刷術を発明したとき、書物の大量生産は潜在的可能性を獲得し、いまからちょうど一世紀まえ、世界のおもな文明国で義務教育制度が採用されたとき、書物の大量需要の潜在性が形成された。この二つの潜在性がはげしく現実化したのが現代である。

いまや、書物によって視野を拡大し、変りゆく世界に豊かに対応しようとする強い要求を私たちは抑えることができない。この要求にこたえる義務を、今日の書物は背負っている。だが、その義務は、たんに専門的知識の通俗化をはかることによって果たされるものでもなく、通俗的好奇心にうったえて、いたずらに発行部数の巨大さを誇ることによって果たされるものでもない。現代を真摯に生きようとする読者に、真に知るに価いする知識だけを選びだして提供すること、これが中公新書の最大の目標である。

私たちは、知識として錯覚しているものによってしばしば動かされ、裏切られる。私たちは、作為によってあたえられた知識のうえに生きることがあまりに多く、ゆるぎない事実を通して思索することがあまりにすくない。中公新書が、その一貫した特色として自らに課すものは、この事実のみの持つ無条件の説得力を発揮させることである。現代にあらたな意味を投げかけるべく待機している過去の歴史的事実もまた、中公新書によって数多く発掘されるであろう。

中公新書は、現代を自らの眼で見つめようとする、逞しい知的な読者の活力となることを欲している。

一九六二年一一月

中公新書

宗教・倫理

b1

- 2293 教養としての宗教入門　中村圭志
- 2158 神道とは何か　伊藤　聡
- 1130 仏教とは何か　山折哲雄
- 2135 仏教、本当の教え　植木雅俊
- 134 地獄の思想　梅原　猛
- 1661 こころの作法　山折哲雄
- 989 儒教とは何か（増補版）　加地伸行
- 1685 儒教の知恵　串田久治
- 1707 ヒンドゥー教―インドの聖と俗　森本達雄
- 2261 旧約聖書の謎　長谷川修一
- 2076 アメリカと宗教　堀内一史
- 2360 キリスト教と戦争　石川明人
- 2173 韓国とキリスト教　浅見雅一　安廷苑
- 2306 聖地巡礼　岡本亮輔
- 48 山伏　和歌森太郎
- 2310 山岳信仰　鈴木正崇
- 2334 弔いの文化史　川村邦光

中公新書

世界史

2050 新・現代歴史学の名著 樺山紘一編著
2223 世界史の叡智 本村凌二
2267 世界史の叡知 悪役・名脇役篇 本村凌二
2253 禁欲のヨーロッパ 佐藤彰一
1045 物語 イタリアの歴史 藤沢道郎
1771 物語 イタリアの歴史II 藤沢道郎
2356 イタリア現代史 伊藤武
1100 皇帝たちの都ローマ 青柳正規
2152 物語 近現代ギリシャの歴史 村田奈々子
1635 物語 スペインの歴史 岩根圀和
1750 物語 スペインの歴史 人物篇 岩根圀和
1564 物語 カタルーニャの歴史 田澤耕
1963 物語 フランス革命 安達正勝
2286 マリー・アントワネット 安達正勝
2027 物語 ストラスブールの歴史 内田日出海

2318
2319 物語 イギリスの歴史(上下) 君塚直隆
2167 イギリス帝国の歴史 秋田茂
1916 ヴィクトリア女王 君塚直隆
1215 物語 アイルランドの歴史 波多野裕造
1546 物語 スイスの歴史 森田安一
1420 物語 ドイツの歴史 阿部謹也
2304 ビスマルク 飯田洋介
2279 物語 ベルギーの歴史 松尾秀哉
1838 物語 チェコの歴史 薩摩秀登
1131 物語 北欧の歴史 武田龍夫
1758 物語 バルト三国の歴史 志摩園子
1655 物語 ウクライナの歴史 黒川祐次
1042 物語 アメリカの歴史 猿谷要
2209 アメリカ黒人の歴史 上杉忍
1437 物語 ラテン・アメリカの歴史 増田義郎
1935 物語 メキシコの歴史 大垣貴志郎
1547 物語 オーストラリアの歴史 竹田いさみ

1644 ハワイの歴史と文化 矢口祐人
518 刑吏の社会史 阿部謹也

現代史